多元理想插值的
离散化

姜　雪◎著

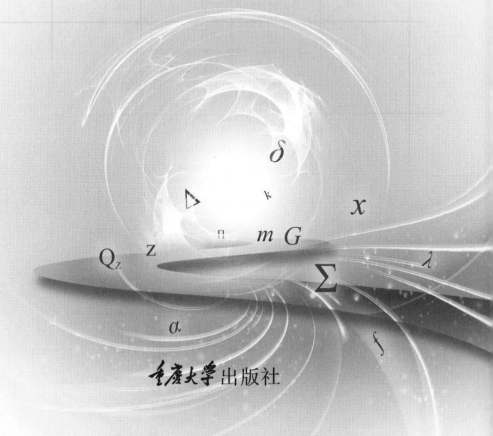

重庆大学出版社

内容提要

本书综述了多元多项式插值与理想插值的研究理论并系统介绍了理想插值中离散化问题的背景理论及发展动向,总结了作者近年来在理想插值离散化问题上所取得的一些研究成果。本书主要包含四部分内容:多元理想插值问题的离散逼近算法;针对二阶微分闭子空间离散逼近问题的简化离散算法及其改进方法;二元理想插值的构造性离散化算法;宽度为 1 的微分闭子空间的等价表示及其离散化问题。

本书可供高等学校计算数学及应用数学等相关专业的教师、研究生和高年级本科生使用。

图书在版编目(CIP)数据

多元理想插值的离散化 / 姜雪著. -- 重庆 : 重庆
大学出版社,2022.1
ISBN 978-7-5689-3058-1

Ⅰ. ①多… Ⅱ. ①姜… Ⅲ. ①插值多项式—离散化
Ⅳ. ①O174.42

中国版本图书馆 CIP 数据核字(2021)第 247514 号

多元理想插值的离散化

姜 雪 著

策划编辑:杨粮菊

责任编辑:文 鹏   版式设计:杨粮菊

责任校对:关德强   责任印制:张 策

*

重庆大学出版社出版发行

出版人:饶帮华

社址:重庆市沙坪坝区大学城西路 21 号

邮编:401331

电话:(023)88617190   88617185(中小学)

传真:(023)88617186   88617166

网址:http://www.cqup.com.cn

邮箱:fxk@cqup.com.cn(营销中心)

全国新华书店经销

重庆升光电力印务有限公司公司

*

开本:720mm×1020mm   1/16   印张:5.75   字数:92 千

2022 年 1 月第 1 版   2022 年 1 月第 1 次印刷

ISBN 978-7-5689-3058-1   定价:48.00 元

前　言

多项式插值是函数逼近中常用的方法,也是一个古老而经典的研究问题。一元多项式插值理论,包括插值函数的构造、误差分析、最佳逼近性质等在各类《数值分析》或者《数值计算方法》教材中都有详尽介绍。相比而言,多元多项式插值由于其本身问题的复杂性,相关理论结果还很不完善,但仍然有一些经典的教材和论著。多项式插值的源头可追溯到 17 世纪,Newton 为计算彗星轨道而提出了著名的 Newton 插值公式。随着科学技术的不断发展,多项式插值理论现已被广泛地应用在诸如图像处理、电子通信、控制论、机械工程等多个领域。正是由于现今许多工程实践应用中的问题最终都归结为多元非线性模型,而多元多项式插值理论和算法可作为建模的基础方法和强有力工具,因此其理论研究更值得我们深入探讨。现有的多元逼近方向的书籍大多通过传统的分析和代数工具寻求适定的多项式插值空间来满足给定的插值条件,或根据特定的插值空间构造适定的插值节点组,但由于多元情形下插值条件十分复杂,表示形式也不尽相同,因此仅应用传统数学工具来研究多元多项式插值会有一定的局限。

值得注意的是,近年来以 Groebner 基理论为代表的代数几何迅猛发展,对多元多项式理论的发展起到了积极的推动作用。多项式插值整体上可以分为理想插值和非理想插值两类,实际应用中的很多问题均可归为前者。当所有插值型值都取零时,满足这样插值条件的多项式全体构成一个理想,这类

1

插值问题就是所谓的理想插值。在理想插值概念提出后的一段时间内，相关后续研究成果并不多。直到 2005 年，美国科学院院士 Carl de Boor 发表了理想插值综述才使这一理论蓬勃发展起来。在理想插值研究领域中做出杰出贡献的还有美国南佛罗里达大学的 Boris Shekhtman 教授。国内利用代数几何工具研究理想插值问题的相关著作更是少之又少，也基于此原因，我们想把这本《多元理想插值的离散化》呈现给研究人员及相关领域的读者同行。

本书面向的读者对象是计算数学尤其是逼近理论研究的相关研究生学生及高校教师。本书具有以下特点：首先，作为多元逼近相关教材的教学参考书，其内容循序渐进，由浅入深，易于接受；其次，本书由局部扩散到整体，以理想插值中的一个重要的离散化问题进行展开，系统地介绍了相关背景理论及其发展动向；再次，本书基于代数几何工具结合微分闭子空间的结构分析，虽然解决的是离散化问题，但多项式方程组求解问题与多项式插值问题息息相关，对相关学科发展也将起到积极的促进作用。

本书的主要内容如下：第 1 章是绪论，概括地介绍了多项式插值与理想插值的发展历史，叙述了本书主要的研究问题以及研究思路，总结了已经取得的重要研究结论，列出了本书涉及的代数几何基础知识；第 2 章针对一般的理想插值问题给出了一个离散化算法，并分析了算法的优势和弊端；第 3 章讨论了二阶微分闭子空间的一般结构并利用结构分析给出相应理想插值问题可以被离散的一个充分条件，同时针对此类闭子空间，证明了当充分考虑到其结构属性时，应用一般的离散化算法可以提高计算效率；第 4 章针对 Carl de Boor 和 Boris Shekhtman 提出的二元离散方法，讨论了在计算机上易于求解的具体算法;第 5 章讨论了一类重要的微分闭子空间,即宽度为 1 的微分闭子空间的离散化问题。

本书的出版得到了国家自然科学基金(11901402)、沈阳师范大学学术文库以及沈阳师范大学数学与系统科学学院的资助,在此表示感谢!

姜　雪

2021 年 4 月

目录

第 *1* 章
绪 论

1.1　多项式插值与理想插值

　　函数插值作为数值分析的一个重要分支,在许多科研和工程应用领域中都发挥着重要作用. 尤其在计算机技术迅猛发展的今天,由于机器所接收的数据只能是有限个离散节点,因此有限节点上的插值理论研究对于数值实验的开展显得尤为重要。例如,在计算机网络环境中,可以利用 Lagrange 插值多项式来研究密钥的产生,从而达到提高密钥安全性的目的;在图像处理中,可以利用线性插值和样条插值等对一些分辨率较低、质量较差的图像进行处理,得到图像的超分辨率重构;在信息与通信工程中,利用多项式插值可以进行图像分存以及图像秘密共享,以解决图像的安全传输等问题;在机械工程中,采用低次数多项式插值即可绘制发动机万有特性曲线,进而帮助人们精确地了解发动机特性;在机器人轨迹规划问题中,借助高阶多项式插值法可以有效地逼近机械臂关节角的轨迹,进而进行仿真实验。

　　函数插值问题根据插值函数选择的不同可以分为多项式插值、三角多项式插值、有理函数插值、样条函数插值等. 在函数逼近理论中, 作为最基本的一类插值问题, 多项式插值问题是指在多项式环的一个子空间里寻求一个多项式 f, 使 f 在给定的插值节点处满足指定的插值条件. 此时这个子空间称为插值空间, f 称为插值函数. 本书考虑的都是插值条件个数为有限个的适定的插值问题, 这里的适定是指满足插值条件的插值函数在插值空间中是存在且唯一的. 假设已求得适定的插值空间, 则相应的插值函数就很容易计算, 因此寻求适定的插值空间一直是学者们的研究热点. 误差分析也是多项式插值中不可忽视的一个方面, 尤其在工程实践中, 通过误差估计可以判断所选节点是否合适、所取插值空间是否合理等, 进而及时做出修正, 避免在应用中出现重大问题.

　　经典的一元多项式插值理论在数值分析教科书中已有详细的论述, 参见文献[1-4]等; 多元多项式插值问题虽然没有形成完整的体系, 但近些年也有丰富的成果, 参见文献[5-8]. Lagrange 插值是最简单的一类插值问题, 其插值条件只包含节点处的函数值. 一元 Hermite 插值被定义为插值条件含有连续阶导数的插值问题. 在多元情况下, 仍然有相应的 Lagrange 插值的概念, 但学者们对 Hermite 插值的定义在形式上却不尽相同. 这是由于一元情况下, 节点 z 相应的带连续的 n 阶微商条件空间是唯一的, 即

$$\delta_z \circ \mathrm{span}\{1, D_x, D_x^2, \cdots, D_x^n\};$$

而多元情形下的微商条件空间复杂多样, 没有统一表示. Möller 最先根据插值条件的不同给出多元 Hermite 插值的定义 (参见文献[9,10]). Sauer 和 Xu 在文献[11]中定义插值条件为一列方向导数的乘积, 并且相应的子列也在其中的插值问题为 Hermite 插值. 如果方向导数构成的线性空间还是微分闭的, 则称为正则 Hermite 插值. Hakopian 等人 (参见文献[12,13]) 则定义 Hermite 插值为: 插值空间为 d 元 n 次齐次空间 Π_n^d, 插值条件形如

$$\left\{\delta_{\mathbf{z}_q} \circ \frac{\partial^{\alpha_1 + \cdots + \alpha_d}}{\partial x_1^{\alpha_1} \cdots \partial x_d^{\alpha_d}} : q = 1, \cdots, m, \mid \alpha_1 + \cdots + \alpha_d \mid \leqslant p_q \right\}, \qquad (1.1.1)$$

其中 $\mathbf{z}_q, q = 1, \cdots, m$ 表示插值节点, $\delta_{\mathbf{z}_q}$ 表示 $\mathbf{z}_q$ 处的赋值泛函, p_q 是给定的非负整数, 并且与 n 满足关系式

$$\binom{n+d}{d} = \sum_{q=1}^{m} \binom{p_q+d}{d}. \qquad (1.1.2)$$

而 Lorentz 则称上述插值为全次数型 Hermite 插值(Hermite interpolation of type total degree),Lorentz 在文献[5]中还定义了另一类与一元 Hermite 插值接近的插值问题:张量积型 Hermite 插值(Hermite interpolation of tensor-product type),其插值空间为

$$\Pi_{n_1,\cdots,n_d}^{d} := \left\{ f : f(x_1,\cdots,x_d) = \sum_{0 \leq i_j \leq n_j} a_{i_1,\cdots,i_d} x_1^{i_1} \cdots x_d^{i_d}, 1 \leq j \leq d \right\}, \qquad (1.1.3)$$

插值条件形如

$$\left\{ \delta_{\mathbf{z}_q} \circ \frac{\partial^{\alpha_1+\cdots+\alpha_d}}{\partial x_1^{\alpha_1} \cdots \partial x_d^{\alpha_d}} : q = 1,\cdots,m, 0 \leq \alpha_i \leq p_{q,i}, 1 \leq i \leq d \right\}, \qquad (1.1.4)$$

其中 $p_{q,i}, i=1,\cdots,d$ 为给定的非负整数,并且与 $n_j, j=1,\cdots,d$ 满足关系式

$$\prod_{j=1}^{d} (n_j+1) = \sum_{q=1}^{m} \prod_{i=1}^{d} (p_{q,i}+1). \qquad (1.1.5)$$

如果上述条件中的 $p_{q,i}$ 都相等,则相应的插值问题称为一致张量积型 Hermite 插值 (uniform Hermite interpolation of tensor-product type). 类似地,Lorentz 给出了一致全次数型 Hermite 插值(uniform Hermite interpolation of type total degree)的定义. 条件式(1.1.2)和式(1.1.5)都意味着插值空间的维数等于插值条件的个数,这是保证插值问题适定的必要条件. 在多项式插值问题中,节点上的插值条件由赋值泛函与微分算子复合而成,如式(1.1.1)、式(1.1.4),下文称由插值条件张成的线性泛函空间为插值条件泛函空间. 为避免混淆,本书不用多元 Hermite 插值的概念,而沿用 Birkhoff 提出的理想插值的概念,参见文献[14]. 关于理想插值的内容将在本节最后介绍.

多元多项式插值问题较一元问题要复杂得多,其中一个重要原因是多元情况下插值节点的几何分布多种多样,并且对于非 Lagrange 插值问题,节点上的插值条件也可以有多种形式. 于是研究具有特殊几何分布节点的多元插值问题就成为人们关心的一项研究,如 Cartesian 点集、非均匀矩形格点、张量积节点、Lower 节点集、Tower 点集、DH 点集、满足 GC 条件的点集、满足 HGC 条件的点集等,可以参见文献[15-29]等.

多元多项式插值区别于一元的另一特点是其极小次数插值空间可能不唯一. 近年来, 学者们主要从两个方面进行研究:

(1) 给定插值空间, 考虑如何构造插值节点使得问题适定;

(2) 给定插值条件, 考虑如何构造插值空间使得对应的插值问题适定.

第一个问题基本上是围绕特殊节点的构造, 如直线型节点和弧线型节点以及特殊的插值系统进行研究, 可以参见文献[30,31]等; 梁学章等人利用代数几何中的 Bezout 定理和 Cayley-Bacharach 定理对此问题进行了深入的研究, 取得了一系列成果(参见文献[32-36]).

早在 1990 年, de Boor 和 Ron 就给出一种解决第二个问题的方法, 该方法对于给定的插值条件, 能够得到一个极小次数的插值空间(参见文献[37,38]); Buchberger 和 Möller 在 1982 年提出的 BM 算法(参见文献[39])可以计算点集的消逝理想在任意给定单项序下的约化 Groebner 基, 从而可得相应的插值单项基; 随后 Marinari, Möller 和 Mora 等人提出了著名的 3M 算法(参见文献[40]), 该算法可以计算一般的插值条件对应理想的 Groebner 基, 这对于插值问题的研究具有里程碑意义. 2015 年, Fassino 和 Möller 给出一个基于 QR 分解的 BM 算法(参见文献[41]), QR 分解较 LU 分解有更好的数值稳定性, 从而可以计算扰动节点对应的插值问题. 近年来, 以 Groebner 基和 H-基理论为代表的代数几何理论的迅猛发展对多元多项式插值的研究起了关键的推动作用(参见文献[42-47]). 2016 年, Shekhtman 在文献[48]中分别针对实数域和复数域讨论了广义 Hermite 插值问题的适定性。

对于多项式插值问题的误差分析, 较早的研究主要从 Taylor 公式误差余项着手以得到 Taylor 型插值问题的误差表示(参见文献[49]). 1995 年, Sauer 和 Xu 通过对插值条件和插值空间进行限定, 针对一类"按块适定的"Lagrange 插值及"正则的"Hermite 型插值问题, 给出了相应的误差余项, 其公式巧妙地利用了有限差分进行表示, 与一元 Newton 插值余项在形式上有了统一的表达(参见文献[11,50]). 作为相对简单的一种情况, 特殊节点(如张量积型点集和满足 GC 条件的点集)对应的 Lagrange 插值误差余项表示也是学者们研究的重点(参见文献[51]). 由于多元插值问题的插值条件十分复杂, 插值空间的选取也不唯一, 其对应误差估计的研究就更为困难,早期研究成果也相对较少. 直到 2005 年,de Boor 受一元误差余项的启发,即误差公式可以表示为被插函数的微商与由节点所确定多项式的乘积形式,提出"好"误差公式的概念,才使得误差估计的研究有了阶段性的进展,相应成果也丰富了许多,参见文献[52–54]等.

Lagrange 插值以及插值条件形如式(1.1.1)或式(1.1.3)的 Hermite 插值有一个共同的特点,即满足齐次插值条件的多项式全体构成一个多项式理想. 在文献[14]中,Birkhoff 首先提出了理想插值的概念,从而将多项式插值问题与代数几何紧密联系起来.

常见的一元 Lagrange 插值与 Hermite 插值、多元 Lagrange 插值以及插值条件只含连续阶偏导数的多元 Hermite 型插值等均为理想插值,因此理想插值可视为一元 Hermite 插值的自然推广. 现实中遇到的大多数插值均可归为理想插值.

理想插值与多项式系统求解问题密不可分,二者可以理解为一个问题的两个方面. 对于给定的多项式集合 G,复数域上的多项式环 $\mathbb{C}[x] = \mathbb{C}[x_1, \cdots, x_d]$ 总有直和分解:

$$\mathbb{C}[x] = \langle G \rangle \oplus N_G,$$

其中 $\langle G \rangle$ 表示由 G 生成的理想, N_G 表示模 G 的商环基所张成的向量空间. 多项式求解问题是给定 G,求其公共零点,即集合 $\{x \in \mathbb{C}^d : G(x) = 0\}$,其中的零点可能带有重数结构;反之,假设给定某些节点(节点可带重数,否则为 Lagrange 插值),理想插值问题可理解为求在这些节点上消逝的所有多项式所构成的理想 $\langle G \rangle$ 及其相应的商环基,这里商环基的一组基底即可作为插值问题的插值基.

理想插值可以由一个理想投影算子定义. 设 F 为一特征为 0 的数域,一般取 $F = \mathbb{R}$ 或 $\mathbb{C}$; $F[\boldsymbol{x}] := F[x_1, \cdots, x_d]$ 表示 F 上的 d 元多项式环. $F[\boldsymbol{x}]$ 上的投影算子(线性幂等算子)P 称为理想投影算子,如果它的核空间构成一个理想. 因为我们考虑的理想插值的插值条件个数为有限个,所以对应的理想投影算子 P 都是有限秩的,这里 P 的秩数定义为其像空间的维数. 理想投影算子 P 支撑了一个线性插值框架:对任意的 $g \in F[\boldsymbol{x}]$, $f = Pg$ 是 ran $P := P(F[\boldsymbol{x}])$ 中满足

$$\lambda f = \lambda g, \ \forall \lambda \in \text{ran } P' = \{\lambda \in (F[\boldsymbol{x}])' : \lambda P = \lambda\}$$

的唯一多项式,这里 P' 为 P 的对偶算子,$(F[\boldsymbol{x}])'$ 表示 $F[\boldsymbol{x}]$ 上的线性泛函空间. 注意对于有限秩的投影算子 P,恒有

$$\operatorname{ran} P' = (\ker P)^{\perp}$$

成立,其中 $\ker P$ 为算子 P 的核空间,且

$$(\ker P)^{\perp} := \{\lambda \in (F[x])' : \ker P \subset \ker \lambda\}.$$

理想投影算子 P 对应的 $\operatorname{ran} P'$ 即为相应理想插值的插值条件泛函空间,$\operatorname{ran} P$ 为相应的插值空间. 近年来,de Boor 和 Shekhtman 在理想插值问题的研究上取得了许多成果,并提出了一些新问题,这在很大程度上丰富了多元多项式插值的理论体系,可参见文献[55,56]等.

定义 1.1.1 令 $\delta_{\boldsymbol{z}}$ 表示点 $\boldsymbol{z} \in F^d$ 处的赋值泛函. 对任意的 $q = \sum\limits_{\alpha} \hat{q}_{\alpha} x^{\alpha} \in F[\boldsymbol{x}]$,定义

$$q(D) := q(D_1, \cdots, D_d) = \sum_{\alpha} \hat{q}_{\alpha} \frac{\partial^{|\alpha|}}{\partial x_1^{\alpha_1} \cdots \partial x_d^{\alpha_d}}$$

为由 q 诱导的微分算子,其中 $D_j := \frac{\partial}{\partial x_j}, j = 1, \cdots, d$ 表示关于第 j 个未定元的微分算子. $q(D)$ 也称为 q 对应的微分多项式. $q(D)$ 的阶数定义为 q 的次数.

微分闭子空间对于理想插值的研究至关重要,下面给出其定义.

定义 1.1.2 一个多项式子空间 Q 称为是微分闭的(或微分不变的),如果它关于微分运算封闭,即 $\forall q \in Q$,

$$\frac{\partial q}{\partial x_i} \in Q, i = 1, \cdots, d.$$

称 Q 对应的微分算子空间 $Q(D) := \{q(D) : q \in Q\}$ 是微分闭的,如果 Q 是微分闭的.

下面的定理阐述了理想插值与一般的多项式插值的关系.

定理 1.1.1 一个多项式插值问题构成理想插值当且仅当其插值条件泛函空间(即 $\operatorname{ran} P'$)具有下列形式

$$\operatorname{span}\{\delta_z \circ q(D) : \boldsymbol{z} \in \mathbf{Z}, q \in Q_z\}, \tag{1.1.6}$$

这里 $\mathbf{Z} \subset F^d$ 为一有限点集,每个节点 $\boldsymbol{z}$ 对应的 Q_z 均构成一有限维微分闭多项式子

6

空间.

理想插值本质上是多项式插值的插值条件中的 Q_z 加上一个"微分闭"的条件. 也就是说,理想插值不仅可以用理想投影算子定义,还可以通过限定插值条件"微分闭"来描述. 容易验证,Lagrange 插值与一元 Hermite 插值均为理想插值. 微分闭子空间 Q_z 也称为 z 点的重数空间或极大诺特空间. "微分闭"的条件与"理想"是对应的,也就是说,如果每个节点对应的重数空间都是微分闭的,则满足齐次插值条件的多项式全体构成一个理想;反之亦然. 如果某个插值节点对应的重数空间不是微分闭的,则构成所谓的 Birkhoff 插值,参见文献[57]. 借助形式幂级数环和欧拉公式, McKinley 和 Shekhtman 描述了实数域上的微分闭子空间的特征,从而得到了实数域上的理想投影算子的对偶算子的像空间的形式,参见文献[58].

1.2   理想插值的离散逼近问题

Lagrange 投影算子是最常见的理想投影算子,其对应的插值问题为 Lagrange 插值问题,即插值条件泛函空间只由某些赋值泛函张成,不包含微分算子. 具体地,P 称为 Lagrange 投影算子,如果存在有限点集 Z,使得 Z 的基数等于 ran P 的维数,并且对任意的 $z \in Z$ 和任意的 $f \in F[x]$,有

$$(Pf)(z) = f(z)$$

成立.

在一元情况下,所有的理想投影算子都可以表示为 Lagrange 投影算子的逐点极限,即每个一元理想插值都可视为 Lagrange 插值的极限形式. 这个结论在某些多元情况下也成立. de Boor 提出如下定义:

定义 1.2.1   有限秩投影算子 P 称为 Hermite 投影算子,如果存在一列像空间为 ran P 的 Lagrange 投影算子 P_h,使得对任意的 $z \in F^d$ 和任意的 $f \in F[x]$,有

$$(P_h f)(z) \to (Pf)(z), h \to 0.$$

作为 Lagrange 投影算子的逐点极限,Hermite 投影算子也是理想投影算子. Lagrange 投影算子与 Hermite 投影算子的一个重要区别是 Lagrange 投影算子有所谓的"限制性质",即对于 Lagrange 插值问题的插值条件泛函空间及其相应的插值空间,选定插值空间的任意子空间,都可以找到原插值条件泛函空间的一个子空间,使得相应的插值子问题适定,但是 Hermite 投影算子不具备该性质,参见文献[59].

de Boor 曾猜想复数域上的多元有限秩理想投影算子均为 Hermite 投影算子,这等价于所有的理想插值问题都可以表示为 Lagrange 插值问题的极限. 然而,Shekhtman 随后利用 Fogarty 定理证明了该猜想只在二元情况下成立;针对三元以上情况,总存在反例,参见文献[60],这说明理想投影算子中非 Hermite 投影算子的存在性. 随之而来的问题是:

(1)如何判断一个理想投影算子是否为 Hermite 投影算子?

(2)如果它为 Hemrite 投影算子,如何构造逼近它的 Lagrange 投影算子列?

实际上,判定一个投影算子为非 Hermite 投影算子的问题是很困难的. 本书所介绍的内容是对一个给定的理想插值问题对应的理想投影算子,考虑如何计算逼近它的 Lagrange 投影算子列(如果存在),称这个问题为理想插值算子的离散逼近问题,也可简称为(理想插值的)离散逼近问题或离散化问题.

就一元 Lagrange 插值而言,当插值节点沿着数轴无限趋近于某一节点时,就可以得到此节点处导数值的信息。实际上,理想插值的离散逼近问题即为研究这一过程在多元情况下的逆问题。但是多元情况下节点的"趋近"方式变得十分复杂,并且节点沿不同的路径汇聚到基点时可能得到相同的微分条件。利用形式幂级数环理论,de Boor 总结了一种较为直观的特殊情况,即给出了当所有赋值节点均沿着直线汇聚到某个基点时,此基点上相应的微分条件形式,参见文献[55].

解决离散逼近问题一方面是理想插值本身分类的需要;另一方面,对于一般的理想插值问题,其插值基几乎不能直接给出,在实际计算时,插值基的计算代价又很大. 为此,通过研究理想插值的离散问题,可以将理想插值离散为 Lagrange 插值,进而可以利用已有的结果直接给出或者经过简单计算即可得到原问题的插值基. 注意,Lagrange 插值问题在字典序下的插值单项基是很容易求得的,如有著名的 MB 算法(参见文献[61])、字典游戏算法(参见文献[62])等. 总之,解决离散逼近问题既有助于完善理想插值的理论,又可以为理想插值的应用给出实用的计算方法.

Shekhtman 曾在文献中给出了 Hermite 投影算子的判定方法,但是其方法需要的参数过多,即使对于简单的例子在现有的计算机上也不能输出结果. 现有的其他 Hermite 投影算子的判定方法,如后述定理 1.2.1、定理 1.2.2、定理 1.2.3,也不易于检验,相应的 Lagrange 投影算子列也很难求出. 本书中介绍的方法均将从微分闭子空间的结构入手,解决理想插值算子的离散逼近问题. 理想插值的插值条件由泛函空间确定,这个泛函空间由微分算子与赋值泛函复合而成,并且微分算子由一个多项式微分闭子空间中的多项式诱导. 如果每个点上的插值条件泛函都可以离散,则原理想插值问题就可以被离散. 因此理想插值的离散逼近问题可以转化为每个节点上的微分闭子空间诱导的微分算子的离散逼近问题,简称为微分闭子空间的离散逼近问题. 因为对一个理想插值问题而言,如果每个点上插值条件空间里的微分算子都可以离散,那么整个理想插值算子就可以离散,故本书将只考虑一个点上的离散逼近问题. 具体地,给定一个插值节点 $\mathbf{z}$ 及其相应的 $s+1$ 维微分闭子空间 $Q_{\mathbf{z}}$,寻求 $s+1$ 个点 $\mathbf{z}_0(h),\cdots,\mathbf{z}_s(h)$,使得

$$\lim_{h\to 0}\mathrm{span}\{\delta_{\mathbf{z}_0(h)},\cdots,\delta_{\mathbf{z}_s(h)}\}=\{\delta_{\mathbf{z}}\circ q(D):q\in Q_{\mathbf{z}}\}, \qquad (1.2.1)$$

其中,$\mathbf{z}_0(h),\cdots,\mathbf{z}_s(h)$ 称为离散逼近问题的离散节点.

如果微分闭子空间存在仅由单项式构成的基,则总可以找到相应的节点使得式 (2.2.1) 成立. 但是如果微分闭子空间的任何基中都含有多项式,那么离散偏导数时所使用节点的个数可能会多于原问题插值条件的个数. 例如二维空间原点上的 3 维插值条件泛函空间

$$\delta_{(0,0)}\circ Q_{(0,0)}(D):=\delta_{(0,0)}\circ\mathrm{span}\{1,\frac{\partial}{\partial x_1},\frac{\partial^2}{\partial x_1^2}+\frac{\partial}{\partial x_2}\},$$

离散偏导数时需要 4 个点 $(0,0),(h,0),(2h,0),(0,h)$. 显然这组节点集合所对应的 Lagrange 插值问题不能收敛到原问题,所以前述的"节点个数等于微分闭子空间维数"的条件是关键的,也是必要的. 围绕理想插值算子的离散逼近问题,很多学者已经做出一些研究成果.

算子序列 P_h 的收敛实际上包括三个部分:

（1）ran P_h 的收敛；

（2）ran P_h' 的收敛；

（3）极限空间 ran P_h 与 ran P_h' 对应的插值问题的适定性.

前两个收敛条件是自然的,极限空间的问题适定性要求是因为有如下经典的例子(参见文献[64]).

例 1.2.1 设 P_h 是插值条件泛函空间和插值空间分别为

$$\text{ran } P_h' = \text{span}\left\{ \delta_{(0,0)}, \delta_{(h,0)}, \delta_{(0,h)}, \delta_{(1,1)}, \delta_{(1+h,1)}, \delta_{(1,1+h)} \right\},$$

$$\text{ran } P_h = \text{span}\left\{ 1, x_1, x_2, x_1^2, x_2^2, x_1 x_2 \right\}$$

的二元 Lagrange 投影算子, $h \neq 0$. 当 h 趋于 0 时, ran P_h 的极限仍为其本身. 容易验证 P_h 收敛到插值条件为

$$\text{ran } P' = \text{span}\left\{ \delta_{(0,0)}, \delta_{(0,0)} \circ D_{x_1}, \delta_{(0,0)} \circ D_{x_2}, \delta_{(1,1)}, \delta_{(1,1)} \circ D_{x_1}, \delta_{(1,1)} \circ D_{x_2} \right\}$$

的 Hermite 投影算子. 然而通过计算相应的广义范德蒙矩阵,可以验证满足上述条件的插值问题在空间 $\text{span}\{1, x_1, x_2, x_1^2, x_2^2, x_1 x_2\}$ 中并不适当.

上述例子说明,Lagrange 插值问题的适定性不能保证其对应的极限在插值空间中也适定. 对于给定的 Lagrange 插值问题,假设已经求得其适定的插值空间,记为 S. 上述例子说明 S 并不一定能构成其极限问题的适定插值空间. 但本书后面会证明插值条件泛函空间含微分算子的理想插值问题的适定性,可以保证离散后 Lagrange 插值问题的适定性. 这也是可以将理想插值算子的离散转化为插值条件泛函空间的离散的依据.

插值条件只与偏导数有关的理想投影算子为 Hermite 投影算子,并且利用差商代替偏导数得到相应的 Lagrange 插值节点. 文献[65]证明了三元情况下,核空间构成 Gorenstein 理想的理想投影算子为 Hermite 投影算子；文献[66]证明了核空间为单项理想(即理想可以由单项生成)的理想投影算子也是 Hermite 的.

de Boor 在 2005 年发表了关于理想插值的综述(参见文献[55]),其部分内容讨论了一些理想插值的基本事实并提出了几个猜想. 针对离散逼近问题,de Boor 利用形式幂级数环理论总结了一种特殊情况:对任意固定的节点 **z** 及有限子集 $T \subset F^d$, 有

$$\lim_{h \to 0} \mathrm{span}\{\delta_{\mathbf{z}+h\tau} : \tau \in T\} = \delta_{\mathbf{z}} \circ \Pi_T(D),$$

其中 $\Pi_T := \bigcap\limits_{p \mid T=0} \ker p_{\uparrow}(D)$，$p_{\uparrow}$ 表示 p 的最高齐次部分. 也就是说，当所有的赋值节点都沿着直线汇聚到 $\mathbf{z}$ 点时，可以得到一个插值条件泛函空间为 $\delta_{\mathbf{z}} \circ \Pi_T(D)$ 的插值问题，此时空间 Π_T 是由齐次多项式张成的微分闭子空间.

　　Shekhtman 发表了关于理想插值的又一综述(参见文献[56]). 该文将理想插值与代数几何相结合，对任意的 N 维多项式子空间 G，研究了 ran $P=G$ 的理想投影算子的相关性质. Shekhtman 还给出了二元理想投影算子离散的方法，这部分内容将在最后一章做详细讨论. 在其综述一文中，Shekhtman 借助曲线投影算子的极限给出了复数域上 Hermite 投影算子的另一种描述. 理想投影算子 P 称为曲线的 (curvilinear)，如果存在一个线性型 $l \in F[\boldsymbol{x}]$ 使得 ker P 构成空间

$$\mathrm{span}\{1, l, \cdots, l^{N-1}\}$$

的补，即 $[1], [l], \cdots, [l^{N-1}]$ 构成 $F[\boldsymbol{x}]/\ker P$ 的一组基. 如果 P 是插值条件只含一个节点的理想投影算子，则 P 是曲线投影算子的充要条件是这个点对应的插值条件泛函空间中的微分算子所构成的空间的宽度为 1，或者这个点只包含赋值泛函一个条件(参见文献[67]). 理想投影算子 P 称为曲线投影算子的极限，如果存在一簇曲线投影算子 $P(t)$，并且

$$\mathrm{ran}\, P(t) = \mathrm{ran}\, P = G,$$

使得 $P(t)$ 收敛到 P. 给定 G，下面定理给出了 Hermite 投影算子的一种描述(参见文献[56]).

　　定理 1.2.1　如果 P 是 Hermite 投影算子，则 P 也是曲线投影算子的极限；如果只考虑复数域，反之亦然.

　　每个理想投影算子 P 都可以诱导乘法算子

$$M_j : \mathrm{ran}\, P \to \mathrm{ran}\, P$$

$$f \mapsto P(x_j f), j = 1, \cdots, d.$$

容易看出 M_j 与乘法映射

$$m_j : F[x]/\ker P \to F[x]/\ker P$$

$$[f] \mapsto [x_j f], j = 1, \cdots, d,$$

是相似的. 将 ran P 的基底按某个顺序排列,可以得到一个阶数等于商环维数的乘法矩阵,仍记为 M_j,矩阵的第 i 列为 M_j 作用在商环基底中第 i 个元素的像按基底展开后得到的系数向量. 固定理想投影算子的像空间,则算子的收敛等价于插值条件泛函空间 ran P' 的收敛,也等价于相应的乘法矩阵的收敛(参见文献[68,69]).

de Boor 首先在其综述(参见文献[55])的第六节给出了 Lagrange 投影算子的一种基于乘法矩阵的判别方法:理想投影算子 P 为 Lagrange 投影算子的充要条件是其相应的乘法矩阵列$(M_j:j=1,\cdots,d)$可同时对角化. 这给出 Hermite 投影算子的另一个判定条件(参见文献[54]):

定理 1.2.2 P 为 Hermite 投影算子的充要条件是其对应的乘法矩阵列$(M_j:j=1,\cdots,d)$可以用一列可同时对角化的可交换矩阵列逼近.

基于上述定理,de Boor 和 Shekhtman 利用线性代数中的事实,即复数域上任意两个可交换的矩阵都可以同时对角化,重新证明了二元理想投影算子均为 Hermite 投影算子这一结论,并且给出了求离散节点的方法(参见文献[70]). 文献[71]中证明了任意三个四阶可交换矩阵可以由三个可同时对角化的可交换矩阵逼近;文献[72,73]中证明了任意三个阶数小于等于 8 的可交换矩阵可以由三个可同时对角化的可交换矩阵逼近,但当矩阵阶数大于等于 30 时,此结论不成立. 根据这两个事实,文献[70]指出:

(1)任意秩数小于等于 8 的三元理想投影算子均为 Hermite 投影算子. 特别地,像空间为 $F_{<2}[\boldsymbol{x}]$ 的三元理想投影算子均为 Hermite 投影算子;

(2)像空间维数大于等于 30 的三元理想投影算子中存在非 Hermite 投影算子.

实际上,早在 1972 年,Iarrobino 就利用 Hilbert 概型语言证明了非 Hermite 投影算子的存在性(参见文献[74]). 文献[75]证明了 $d=13$ 像空间为 $\mathbb{C}[\boldsymbol{x}]_{\leqslant 1}$ 的理想投影算子中存在非 Hermite 投影算子. 文献[76]给出了像空间为 $\mathbb{C}[x_1,x_2,x_3,x_4]$ 中 8 维子空间的非 Hermite 投影算子的充要条件,并指出像空间维数小于 8 的四元理想投影算子均为 Hermite 投影算子. 文献[77]证明了存在像空间维数更小的三元非 Hermite 投影算子,这也启发 Shekhtman 提出以下猜想(参见文献[56]).

猜想 1.2.1 像空间为 $\mathbb{C}[x_1,x_2,x_3]_{\leqslant 2}$ 的由

$$\begin{cases} P(x_1^3) = x_2 x_3, \\ P(x_2^3) = x_1 x_3, \\ P(x_3^3) = x_1 x_2, \\ P(u) = 0, \quad u \text{ 为其他的三次单项.} \end{cases}$$

定义的理想投影算子为非 Hermite 投影算子.

虽然非 Hermite 投影算子的存在性已得到充分证明,但是具体的例子却很少. Emsalem 和 Iarrobino 在文献[78]中给出了一个明确的非 Hermite 投影算子例子:P 是一个像空间为 $\mathrm{span}\{1, x_1, x_2, x_3, x_4, x_1 x_3, x_2 x_3, x_2 x_4\}$ 的四元理想投影算子,并且

$$\begin{cases} P(x_1 x_4) = x_2 x_3, \\ P(u) = 0, \quad u \text{ 为除 } x_1 x_4 \text{ 之外的所有不在像空间中的单项.} \end{cases}$$

可以计算如此定义的算子 P 的插值条件泛函空间

$$\mathrm{ran}\, P' = \delta_0 \circ \mathrm{span}\{1, D_{x_1}, D_{x_2}, D_{x_3}, D_{x_4}, D_{x_1} D_{x_3}, D_{x_2} D_{x_4}, D_{x_1} D_{x_4} + D_{x_2} D_{x_3}\}.$$

Shekhtman 通过引入无穷远解的概念,对理想 $\ker P$ 进行限定,进而给出一类新的 Hermite 投影算子(参见文献[79]). 对多项式映射

$$\boldsymbol{f} = (f_1, \cdots, f_d) : \mathbb{C}^d \to \mathbb{C}^d,$$

非零向量 $\boldsymbol{a} := (a_1, \cdots, a_d) \in \mathbb{C}^d$ 称为 $\boldsymbol{f}(\boldsymbol{x}) = \boldsymbol{0}$ 的无穷解,如果 $\boldsymbol{a} \neq \boldsymbol{0}$ 使得

$$\mathrm{LF}(f_j)(\boldsymbol{a}) = 0, \quad \forall j,$$

其中 $\mathrm{LF}(f_j)$ 表示 f_j 的最高齐次部分.

定理 1.2.3(参见文献[79]) 假设理想投影算子 P 的核空间 $\ker P$ 由多项式序列 $f = (f_1, \cdots, f_d)$ 生成,其中 d 为未定元个数,$\deg(f_j) > 0$,并且 $\boldsymbol{f}(\boldsymbol{x}) = \boldsymbol{0}$ 在无穷远处无解,则 P 为 Hermite 投影算子.

基于上述结论,Shekhtman 提出了更一般情况下的猜想(参见文献[79]):

猜想 1.2.2 如果理想投影算子 P 的核空间 $\ker P$ 为一零维理想,并构成一个仿射完全交(affine complete intersection),即 $\ker P$ 恰由 d 个多项式生成,则 P 为 Hermite 投影算子.

目前猜想 1.2.1 和 1.2.2 仍为公开问题.

1.3 代数几何基本知识

本节介绍代数几何中的相关概念与基本结论,相关定义和结论可以参见文献[80-83]等.

用 $\mathbb{N}$ 表示全体自然数构成的集合. 设 $\boldsymbol{\alpha} = (\alpha_1, \cdots, \alpha_d) \in \mathbb{N}^d$, $|\boldsymbol{\alpha}| := \alpha_1 + \cdots + \alpha_d$. 对于 $\boldsymbol{x} = (x_1, \cdots, x_d)$,用 $\boldsymbol{x}^\alpha = x_1^{\alpha_1} \cdots x_d^{\alpha_d}$ 表示单项,并定义其全次数 $\deg(\boldsymbol{x}^\alpha) = |\boldsymbol{\alpha}|$. 用 $\mathcal{T}^d$ 表示 $F[\boldsymbol{x}]$ 中所有单项的集合.

对于一元情形,可以将多项式的项按未定元的次数进行排列;对于多元情形,单项的排列顺序不再唯一,因此需要引进单项序的概念.

定义 1.3.1 定义 $\mathcal{T}^d$ 上的单项序为单项间满足下列条件的关系 $<$:

(1) $<$ 为 $\mathcal{T}^d$ 上的一个全序;

(2) 若 $\boldsymbol{x}^\alpha < \boldsymbol{x}^\beta$ 且 $\boldsymbol{x}^\gamma \in \mathcal{T}^d$,则 $\boldsymbol{x}^{\alpha+\gamma} < \boldsymbol{x}^{\beta+\gamma}$;

(3) $1 < \boldsymbol{x}^\alpha$, $\forall \boldsymbol{x}^\alpha \in \mathcal{T}^d$.

定义 1.3.2 单项序 $<$ 称为字典序,如果 $\boldsymbol{x}^\alpha < \boldsymbol{x}^\beta$ 当且仅当 $\boldsymbol{\alpha} - \boldsymbol{\beta}$ 的左数第一个非零元为正.

定义 1.3.3 单项序 $<$ 称为分次反字典序,如果 $\boldsymbol{x}^\alpha < \boldsymbol{x}^\beta$ 当且仅当

$$(\beta_1 - \alpha_1, \cdots, \beta_d - \alpha_d, |\boldsymbol{\alpha}| - |\boldsymbol{\beta}|)$$

的右数第一个非零元为负.

定义 1.3.4 对于任意的非零多项式 $p = \sum_\alpha \hat{p}_\alpha \boldsymbol{x}^\alpha$, $\hat{p}_\alpha \in F$,

(1) p 的全次数定义为

$$\deg(p) = \max\{\deg(\boldsymbol{x}^\alpha) : \hat{p}_\alpha \neq 0\};$$

(2) 对于给定的单项序 $<$, p 的领项定义为 p 中出现的单项式中按序最大者,记作 $\mathrm{LT}(p)$.

定义 1.3.5 多项式集合 $\mathcal{T} \subset F[\boldsymbol{x}]$ 称为一个理想,如果它满足

（1）$0 \in \mathcal{T}$；

（2）若 $f, g \in \mathcal{T}$，则 $f + g \in \mathcal{T}$；

（3）若 $f \in \mathcal{T}$，则对任何的 $g \in F[\boldsymbol{x}]$，$fg \in \mathcal{T}$.

定义 1.3.6　设 Λ 为一指标集，$f_i \in F[\boldsymbol{x}]$，$i \in \Lambda$，称 $\{f_i\}_{i \in \Lambda}$ 生成理想 $\mathcal{T}$，如果对任意的 $f \in \mathcal{T}$，都有有限项求和 $\sum g_i f_i$ 使得

$$f = \sum g_i f_i, g_i \in F[\boldsymbol{x}],$$

记作 $\mathcal{T} = \langle f_i, i \in \Lambda \rangle$.

定理 1.3.1（Hilbert 基定理）　每个理想 $\mathcal{T}$ 都是有限生成的，即存在多项式 $f_1, \cdots, f_s$ 使得

$$\mathcal{T} = \langle f_1, \cdots, f_s \rangle.$$

定义 1.3.7　设 $\mathcal{T}$ 为一个理想，

（1）$f, g \in F[\boldsymbol{x}]$，称 f 和 g 是模 $\mathcal{T}$ 同余的，如果 $f - g \in \mathcal{T}$，记为

$$f \equiv g \bmod \mathcal{T};$$

（2）模理想 $\mathcal{T}$ 同余是一种等价关系，因此对任意的 $f \in F[\boldsymbol{x}]$，可以定义其等价类

$$[f] = \{g \in F[\boldsymbol{x}] : g \equiv f \bmod \mathcal{T}\}; \tag{1.3.1}$$

（3）定义 $F[\boldsymbol{x}]$ 模理想 $\mathcal{T}$ 的商为等价类的集合：

$$F[\boldsymbol{x}] / \mathcal{T} = \{[f] : f \in F[\boldsymbol{x}]\},$$

定义运算

$$[f] + [g] := [f+g], [f] \cdot [g] := [f \cdot g],$$

可以证明 $F[\boldsymbol{x}] / \mathcal{T}$ 构成一个交换环，称其为商环.

定义 1.3.8　理想 $\mathcal{T}$ 的仿射簇定义为如下点集：

$$\mathcal{V}(\mathcal{T}) := \{\boldsymbol{a} \in F^d : f(\boldsymbol{a}) = 0, \forall f \in \mathcal{T}\}.$$

定义 1.3.9　称理想 $\mathcal{T}$ 的有限子集 $G = \{g_1, \cdots, g_s\}$ 为 $\mathcal{T}$ 相应于单项序 < 的 Groebner 基，如果

$$\langle \mathrm{LT}(G) \rangle = \langle \mathrm{LT}(\mathcal{T}) \rangle,$$

其中 $\langle \mathrm{LT}(G) \rangle := \langle \mathrm{LT}(g_1), \cdots, \mathrm{LT}(g_s) \rangle$，$\mathrm{LT}(\mathcal{T}) := \{c\boldsymbol{x}^{\alpha} : \exists f \in \mathcal{T}, s.t. \mathrm{LT}(f) = c\boldsymbol{x}^{\alpha}\}$.

定理 1.3.2(有限性定理) 设 $\mathcal{T} \subset \mathbb{C}[\boldsymbol{x}]$ 为一理想,则下述条件等价:

(1)商环 $F[\boldsymbol{x}]/\mathcal{T}$ 是复数域 $\mathbb{C}$ 上的有限维空间;

(2)仿射簇 $\mathcal{V}(\mathcal{T})$ 是有限点集;

(3) $\mathbb{C}$ —向量空间 $\mathrm{span}\{\boldsymbol{x}^\alpha : \boldsymbol{x}^\alpha \notin \langle \mathrm{LT}(\mathcal{T}) \rangle\}$ 是有限维的;

(4)若 G 是理想 $\mathcal{T}$ 的 Groebner 基,则对每个 $i, 1 \le i \le n$,存在 $m_i \ge 0$,使得对某个 $g \in G$,有 $x_i^{m_i} = \mathrm{LT}(g)$.

满足上述定理中任意一个条件的理想称为零维理想. 本书考虑的理想插值问题的插值条件个数为有限个,所以满足齐次插值条件的多项式构成的理想均为零维理想.

定义 1.3.10 称理想 $\mathcal{T}$ 相应于单项序 $<$ 的 Groebner 基 $G = \{g_1, \cdots, g_s\}$ 为约化 Groebner 基,如果

(1)每个 g_i 都是首一多项式;

(2)对任意的 g_i, g_i 所含的单项均不在理想 $\langle \mathrm{LT}(G - \{g_i\}) \rangle$ 中.

定理 1.3.3 给定理想 $\mathcal{T}$ 和单项序 $<$,则理想 $\mathcal{T}$ 相应于 $<$ 的约化 Groebner 基存在且唯一.

Groebner 基在多项式代数的理论研究与计算中起着重要的作用,例如在方程组求解中,可以通过计算系统对应理想的 Groebner 基来判断解的存在性.

定理 1.3.4 设 F 是代数闭域,$\{p_1, \cdots, p_m\} \subset F[\boldsymbol{x}]$,$G$ 为 $\langle p_1, \cdots, p_m \rangle$(关于任何单项序)的 Groebner 基,则方程组 $p_i = 0, i = 1, \cdots, m$,在 F 中有解当且仅当 $1 \notin G$.

本节最后参照文献[56]中的总结,粗略地给出多项式插值、理想插值中的常用术语与代数几何中相关概念的对应.

多项式插值	理想插值	代数几何
插值条件泛函空间微分闭	理想投影算子 P	理想 ker P
插值节点	插值节点	仿射簇 $\mathcal{V}(\text{ker } P)$
插值空间	ran P	$F[\boldsymbol{x}]/\text{ker } P$
插值条件泛函空间	$(\text{ker } P)^{\perp} = \text{ran } P'$	$F[\boldsymbol{x}]/\text{ker } P$ 的对偶模
Lagrange 插值	Lagrange 投影算子	根理想
Lagrange 插值的极限	Hermite 投影算子	一般零维理想

第**2**章
离散逼近算法

本章将借助函数的 Taylor 级数研究一个理想插值算子的离散逼近算法. 该算法本质上是将离散逼近问题转化为非线性方程组的求解问题. 如果最后得到的系统有解,那么原来的理想插值问题就可以表示为一列 Lagrange 插值问题的极限,对应的离散节点由方程组的解给出,这也就证明了相应的理想投影算子为 Hermite 投影算子.

2.1　记　号

对于 $\boldsymbol{\alpha} = (\alpha_1, \cdots, \alpha_d) \in \mathbb{N}^d$,定义微分算子

$$D^{\boldsymbol{\alpha}} := \frac{1}{\alpha_1! \cdots \boldsymbol{\alpha}_d!} \frac{\partial^{|\boldsymbol{\alpha}|}}{\partial x_1^{\alpha_1} \cdots \partial x_d^{\alpha_d}}.$$

对于任意的光滑函数 f,记 $D^{\boldsymbol{\alpha}} f(\mathbf{z}) := D^{\boldsymbol{\alpha}} f|_{x=\mathbf{z}}$,则

$$f(\boldsymbol{x}) = \sum_{\boldsymbol{\alpha} \in \mathbb{N}^d} D^{\boldsymbol{\alpha}} f(\mathbf{z})(\boldsymbol{x} - \mathbf{z})^{\boldsymbol{\alpha}}, \tag{2.1.1}$$

上式的右端即为 f 在 $\mathbf{z}$ 点处的 Taylor 级数,记为 $T(f, \mathbf{z})$.

下面用一个例子来解释出现在算法中的一些记号. 考虑如下形式的点

$$\mathbf{z}(h) := \Big(\sum_{j=1}^{N} t_{1,j} h^j, \cdots, \sum_{j=1}^{N} t_{d,j} h^j \Big),$$

其中 h 为变量, $t_{i,j}$ 为参数, $i = 1, \cdots, d, j = 1, \cdots, N$. $f(\mathbf{z}(h))$ 在 $\mathbf{0}$ 点的 Taylor 级数为 $f(\mathbf{z}(h)) = T(f, \mathbf{0}) |_{x = \mathbf{z}(h)}$

$$= \sum_{\alpha \in \mathbb{N}_0^d} D^\alpha f(\mathbf{0}) \Big(\sum_{j=1}^{N} t_{1,j} h^j, \cdots, \sum_{j=1}^{N} t_{d,j} h^j \Big)^{\boldsymbol{\alpha}}$$

$$= f(\mathbf{0}) + (t_{1,1} D^{(1,0,\cdots,0)} f(\mathbf{0}) + \cdots + t_{d,1} D^{(0,\cdots,0,1)} f(\mathbf{0})) h + \cdots$$

$$=: \sum_{i=0}^{\infty} p_i h^i,$$

其中

$$p_0 = f(\mathbf{0}),$$

$$p_1 = (t_{1,1} D^{(1,0,\cdots,0)} + \cdots + t_{d,1} D^{(0,\cdots,0,1)}) f(\mathbf{0})$$

$$\cdots$$

对任意的正整数 m, 令

$$T(f, \mathbf{0}, m) |_{x = \mathbf{z}(h)} := \sum_{i=0}^{m} p_i h^i$$

表示 $T(f, \mathbf{0}, m) |_{x = \mathbf{z}(h)}$ 中关于 h 的次数小于等于 m 的截断多项式.

2.2 离散逼近算法

对于任意给定的节点 $\mathbf{z}$ 及其相应的 $s+1$ 维微分闭子空间 $Q_{\mathbf{z}}$, 下面给出算法计算离散节点 $\mathbf{z}_0(h), \cdots, \mathbf{z}_s(h)$, 满足

$$\lim_{h \to 0} \text{span} \{ \delta_{\mathbf{z}_0(h)}, \cdots, \delta_{\mathbf{z}_s(h)} \} = \text{span} \{ \delta_{\mathbf{z}} \circ q(D), q \in Q_{\mathbf{z}} \}.$$

这里选取 $Q_{\mathbf{z}}$ 的基底 $\{q_0, \cdots, q_s\}$ 满足 $\deg(q_0) \leqslant \cdots \leqslant \deg(q_s)$. 注意微分闭子空间中一定含有 1, 即 $q_0 = 1$. 也就是说, $\delta_{\mathbf{z}} \circ q_0(D) = \delta_{\mathbf{z}}$, 因此 $\mathbf{z}_0(h)$ 可取为插值节 $\mathbf{z}$. 利用坐标变换, 不失一般性, 总可以假设 $\mathbf{z} = \mathbf{0}$.

离散逼近算法

输入:节点 $\mathbf{z}=\mathbf{0}$ 及其相应的微分闭子空间 $Q_{\mathbf{z}}=\mathrm{span}\{1,q_1,\cdots,q_s\}$,其中

$$\deg(q_1)\leqslant\cdots\leqslant\deg(q_s);$$

输出:点集 $\{\mathbf{z}_0(h),\cdots,\mathbf{z}_s(h)\}$ 及 $A_i^{(n)}$ 满足

$$\delta_{\mathbf{0}}\circ q_n(D)=\lim_{h\to 0}\frac{1}{h^{\deg(q_n)}}\Big(\sum_{i=0}^{n}A_i^{(n)}\delta_{\mathbf{z}_i(h)}\Big),\ \forall\,1\leqslant n\leqslant s;$$

步骤 1. 初始化 $N:=\deg(q_s)$,非线性系统 $S:=\varnothing$,点集 $\{\mathbf{z}_0(h),\cdots,\mathbf{z}_s(h)\}$,其中

$$\mathbf{z}_0(h)=\mathbf{0},$$

$$\mathbf{z}_i(h)=\Big(\sum_{j=1}^{N}t_{1,j}^{(i)}h^j,\cdots,\sum_{j=1}^{N}t_{d,j}^{(i)}h^j\Big),i=1,\cdots,s,$$

$t_{k,j}^{(i)},i=1,\cdots,s,j=1,\cdots,N,k=1,\cdots,d$ 为待定参数;

步骤 2. $\widetilde{n}:=\deg(q_n)$,计算

$$\sum_{i=0}^{n}A_i^{(n)}\cdot T(f,\mathbf{0},\widetilde{n})\,|_{x=\mathbf{z}_i(h)}=:\sum_{k=0}^{\widetilde{n}}p_k^{(n)}h^k,$$

每个 $p_k^{(n)},k=0,\cdots,\widetilde{n}$ 为关于参数 $A_0^{(n)},A_i^{(n)},t_{k,j}^{(i)},i=1,\cdots,n,j=1,\cdots,N,k=1,\cdots,d$ 和 f 的某些偏导数的表达式;

步骤 3. 将 $p_k^{(n)}$ 看成 $F[A_0^{(n)},\cdots,A_n^{(n)},t_{1,1}^{(1)},t_{1,2}^{(1)},\cdots,t_{d,N}^{(n)}]$ 中的多项式,令

$$\begin{cases}p_0^{(n)}=\cdots=p_{\widetilde{n}-1}^{(n)}=0,\\ p_{\widetilde{n}}^{(n)}=q_n(D)f(\mathbf{0}),\end{cases}\tag{2.2.1}$$

将上式确定的等式加入 S 中,$n:=n+1$;

步骤 4. 若 $n\leqslant s$,返回步骤 2;否则解非线性系统 S,其未定元为 $t_{k,j}^{(i)},i=1,\cdots,s,j=1,\cdots,N,k=1,\cdots,d$,以及 $A_0^{(n)},A_{j_n}^{(n)},n=1,\cdots,s,j_n=1,\cdots,n$.

步骤 5. 如果系统 S 无解,返回"Failure",否则选取 S 的一个特解并返回"True".

算法的正确性和有限终止性将在下一节给出.下面给出一个算例.

例 2.2.1 假设 $\mathbf{z}=\mathbf{0},Q_{\mathbf{z}}(D)=\mathrm{span}\{1,D^{(1,0)},2D^{(2,0)}+D^{(0,1)}\},N=2$. 令

$$\mathbf{z}_1(h):=(t_{1,1}^{(1)}h+t_{1,2}^{(1)}h^2,t_{2,1}^{(1)}h+t_{2,2}^{(1)}h^2)\ ,\mathbf{z}_2(h):=(t_{1,1}^{(2)}h+t_{1,2}^{(2)}h^2,t_{2,1}^{(2)}h+t_{2,2}^{(2)}h^2)\ ,$$

进行两次循环后有

$$A_0^{(1)}f(\mathbf{0})+A_1^{(1)}f(\mathbf{z}_1(h))=p_0^{(1)}+p_1^{(1)}h+O(h^2)\ ,$$

$$A_0^{(2)}f(\mathbf{0})+A_1^{(2)}f(\mathbf{z}_1(h))+A_2^{(2)}f(\mathbf{z}_2(h))=p_0^{(2)}+p_1^{(2)}h+p_2^{(2)}h^2+O(h^3)\ .$$

令

$$p_0^{(1)}=0\ ,$$

$$p_1^{(1)}=D^{(1,0)}f(\mathbf{0})\ ,$$

$$p_0^{(2)}=p_1^{(2)}=0\ ,$$

$$p_2^{(2)}=(2D^{(2,0)}+D^{(0,1)})f(\mathbf{0})\ ,$$

可以得到如下系统 S：

$$\begin{cases} A_0^{(1)}+A_1^{(1)}=0\ , \\ A_1^{(1)}t_{1,1}^{(1)}=1\ , \\ A_1^{(1)}t_{2,1}^{(1)}=0\ , \\ A_0^{(2)}+A_1^{(2)}+A_2^{(2)}=0\ , \\ A_2^{(2)}t_{1,1}^{(2)}+A_1^{(2)}t_{1,1}^{(1)}=0\ , \\ A_2^{(2)}t_{2,1}^{(2)}+A_1^{(2)}t_{2,1}^{(1)}=0\ , \\ A_2^{(2)}t_{2,2}^{(2)}+A_1^{(2)}t_{2,2}^{(1)}=1\ , \\ A_2^{(2)}t_{1,2}^{(2)}+A_1^{(2)}t_{1,2}^{(1)}=0\ , \\ A_2^{(2)}t_{1,1}^{(2)}t_{2,1}^{(2)}+A_1^{(2)}t_{2,1}^{(1)}t_{1,1}^{(1)}=0\ , \\ \dfrac{1}{2}A_2^{(2)}(t_{1,1}^{(2)})^2+\dfrac{1}{2}A_1^{(2)}(t_{1,1}^{(1)})^2=1\ , \\ \dfrac{1}{2}A_2^{(2)}(t_{2,1}^{(2)})^2+\dfrac{1}{2}A_1^{(2)}(t_{2,1}^{(1)})^2=0\ . \end{cases}$$

在 Maple 上可以计算系统 S 的解为：

$$\begin{cases} A_0^{(1)} = -A_1^{(1)}, \\[2mm] A_0^{(2)} = \dfrac{-2A_1^{(2)}(A_1^{(1)})^2}{2(A_1^{(1)})^2 - A_1^{(2)}}, \\[2mm] A_2^{(2)} = \dfrac{(A_1^{(2)})^2}{2(A_1^{(1)})^2 - A_1^{(2)}}, \\[2mm] t_{1,1}^{(1)} = \dfrac{1}{A_1^{(1)}}, \\[2mm] t_{1,2}^{(1)} = -\dfrac{A_1^{(2)} t_{1,2}^{(2)}}{2(A_1^{(1)})^2 - A_1^{(2)}}, \\[2mm] t_{1,1}^{(2)} = -\dfrac{2(A_1^{(1)})^2 - A_1^{(2)}}{A_1^{(2)} A_1^{(1)}}, \\[2mm] t_{2,2}^{(1)} = \dfrac{-(A_1^{(2)})^2 t_{2,2}^{(2)} + 2(A_1^{(1)})^2 - A_1^{(2)}}{A_1^{(2)}(2(A_1^{(1)})^2 - A_1^{(2)})}, \\[2mm] t_{2,1}^{(1)} = 0, \\[2mm] t_{2,1}^{(2)} = 0. \end{cases}$$

取 $t_{2,2}^{(2)} = 0$, $t_{1,2}^{(2)} = 0$, $A_1^{(1)} = 1$, $A_1^{(2)} = 1$, 则 $A_0^{(1)} = -1$, $A_0^{(2)} = -2$, $A_2^{(2)} = 1$, 相应的离散节点为 $(0,0)$, (h, h^2), $(-h, 0)$ 且离散节点满足

$$\delta_{(0,0)} \circ D^{(1,0)} = \lim_{h \to 0} \frac{1}{h}(-\delta_{(0,0)} + \delta_{(h,h^2)}),$$

$$\delta_{(0,0)} \circ (D^{(2,0)} + D^{(0,1)}) = \lim_{h \to 0} \frac{1}{h^2}(-2\delta_{(0,0)} + \delta_{(h,h^2)} + \delta_{(-h,0)}).$$

注 2.2.1 在离散逼近算法中, $\mathbf{z}_i(h)$ 中共有 dN 个参数, 空间 $Q_{\mathbf{z}}$ 的维数为 $s+1$, 所以系统 S 除 $A_i^{(n)}$ 外还有 $dN \cdot s$ 个参数. 当需要被离散的空间维数升高时, 系统的参数个数也随之增多, 这将不易于计算机求解. 事实上, 对于第 n 次循环, 可以令点

$$\mathbf{z}_n(h) := \Big(\sum_{j=1}^{\deg(q_n)} t_{1,j}^{(n)} h^j, \cdots, \sum_{j=1}^{\deg(q_n)} t_{d,j}^{(n)} h^j \Big).$$

计算实验表明, 如果当点定义为形如式 (2.2.1) 时, 系统 S 有解, 那么按上述形式定义的点在大多数情况下也可以保证系统有解. 为了改进算法, 也可以将系统分

解为若干子系统进行求解:每次只增加一个离散节点进行计算,并在计算结束后选取该节点的一个"恰当的"特解,然后再计算下一个离散节点.

2.3 离散逼近算法主要定理

定理 2.3.1 假设 $\mathbf{z} = \mathbf{0}$, $Q_{\mathbf{z}} = \operatorname{span}\{q_0, \cdots, q_s\}$, $\deg(q_0) \leqslant \cdots \leqslant \deg(q_s)$, 点集 $\{\mathbf{z}_0(h), \cdots, \mathbf{z}_s(h)\}$ 形如

$$\mathbf{z}_0(h) = \mathbf{0}, \mathbf{z}_i(h) = \left(\sum_{j=1}^{N} t_{1,j}^{(i)} h^j, \cdots, \sum_{j=1}^{N} t_{d,j}^{(i)} h^j\right), i = 1, \cdots, s,$$

其中 $t_{k,j}^{(i)}$, $i = 1, \cdots, s$, $j = 1, \cdots, N$, $k = 1, \cdots, d$ 待定. 如果离散逼近算法返回"True",即算法可以输出一组点集,仍记为 $\{\mathbf{z}_0(h), \cdots, \mathbf{z}_s(h)\}$,则对所有的 $1 \leqslant n \leqslant s$,有下式成立:

$$\lim_{h \to 0} \operatorname{span}\{\delta_{\mathbf{z}_0(h)}, \cdots, \delta_{\mathbf{z}_n(h)}\} = \operatorname{span}\{\delta_{\mathbf{0}} \circ q_0(D), \cdots, \delta_{\mathbf{0}} \circ q_n(D)\}.$$

证明:算法至多循环 s 次,因此显然有限终止,故只需证明算法的正确性. 首先由 $q_0 = 1$ 可知 $q_0(D)f(\mathbf{0}) = f(\mathbf{0}) = f(\mathbf{z}_0(h))$. 下面分析 $q_n(D)f(\mathbf{0})$ 是如何在第 n 次循环中被逼近的. 因为算法返回"True",系统 S 有解,解仍记为

$$t_{k,j}^{(i)}, i = 1, \cdots, s, j = 1, \cdots, N, k = 1, \cdots, d, A_{j_m}^{(m)}, m = 1, \cdots, s, j_m = 0, \cdots, m.$$

利用 Taylor 级数可知,对任意的 $1 \leqslant n \leqslant s$,

$$\sum_{i=0}^{n} A_i^{(n)} f(\mathbf{z}_i(h)) = (A_0^{(n)} + \cdots + A_n^{(n)}) f(\mathbf{0}) +$$

$$\left(\sum_{i=1}^{n} A_i^{(n)} \left(t_{1,1}^{(i)} \frac{\partial}{\partial x_1} + \cdots + t_{d,1}^{(i)} \frac{\partial}{\partial x_d}\right)\right) f(\mathbf{0}) h + \cdots$$

$$=: p_0^{(n)} + p_1^{(n)} h + \cdots + p_{\tilde{n}-1}^{(n)} h^{\tilde{n}-1} + p_{\tilde{n}}^{(n)} h^{\tilde{n}} + \cdots,$$

其中 $\tilde{n} := \deg(q_n)$. 由步骤 3 可知 $p_0^{(n)} = \cdots = p_{\tilde{n}-1}^{(n)} = 0$,因此

$$\sum_{i=0}^{n} A_i^{(n)} f(\mathbf{z}_i(h)) = p_{\tilde{n}}^{(n)} h^{\tilde{n}} + O(h^{\tilde{n}+1}).$$

将上式两端同时除以 $h^{\tilde{n}}$ 并令 $h\to 0$,可知

$$\lim_{h\to 0}\frac{1}{h^{\tilde{n}}}\Big(\sum_{i=0}^{n}A_i^{(n)}f(\mathbf{z}_i(h))\Big)=\lim_{h\to 0}\frac{1}{h^{\tilde{n}}}(p_{\tilde{n}}^{(n)}h^{\tilde{n}}+O(h^{\tilde{n}+1}))=p_{\tilde{n}}^{(n)}.$$

再由步骤 3 中的第二个等式得

$$\lim_{h\to 0}\frac{1}{h^{\tilde{n}}}\Big(\sum_{i=0}^{n}A_i^{(n)}f(\mathbf{z}_i(h))\Big)=q_n(D)f(\mathbf{0}). \tag{2.3.1}$$

即

$$\delta_{\mathbf{0}}\circ q_n(D)=\lim_{h\to 0}\frac{1}{h^{\tilde{n}}}\Big(\sum_{i=0}^{n}A_i^{(n)}\delta_{\mathbf{z}_i(h)}\Big).$$

故对任意的 $1\leqslant n\leqslant s$,可以用 $\delta_{\mathbf{0}},\delta_{\mathbf{z}_1(h)},\cdots,\delta_{\mathbf{z}_n(h)}$ 的一个线性组合来逼近 $\delta_{\mathbf{0}}\circ q_n(D)$. 证毕.

下面给出理想插值算子离散逼近问题的主要定理.

定理 2.3.2 设点集 $\mathbf{Z}:=\{\mathbf{z}^{(1)},\cdots,\mathbf{z}^{(l)}\}\subset F^d$,其中节点互不相同,$P$ 为有限秩理想投影算子并且

$$\operatorname{ran} P'=\operatorname{span}\{\delta_{\mathbf{z}^{(i)}}\circ q(D):q\in Q_{\mathbf{z}^{(i)}},i=1,\cdots,l\},$$

其中 $Q_{\mathbf{z}^{(i)}}$ 均为微分闭子空间. 假设对每个节点 $\mathbf{z}^{(i)}$ 及其相应的 $Q_{\mathbf{z}^{(i)}}$,离散逼近算法都返回"True",记 $\mathbf{z}_0^{(i)}(h),\cdots,\mathbf{z}_{s_i}^{(i)}(h)$ 为由算法输出的离散节点. 再假设 P_h 为 Lagrange 投影算子并且

$$\operatorname{ran} P_h'=\operatorname{span}\{\delta_{\mathbf{z}_0^{(i)}(h)},\cdots,\delta_{\mathbf{z}_{s_i}^{(i)}(h)}:i=1,\cdots,l\},$$

其中 $h\in F\backslash\{0\}$,$s_i=\dim(Q_{\mathbf{z}^{(i)}})-1$,则存在一个正数 $\delta\in F$,使得

$$\operatorname{ran} P_h=\operatorname{ran} P,\forall 0<|h|<\delta.$$

更进一步,当 h 趋于 0 时,P_h 逐点收敛到 P.

证明:令

$$\Lambda_h:=(\delta_{\mathbf{z}_0^{(1)}(h)},\cdots,\delta_{\mathbf{z}_{s_1}^{(1)}(h)},\cdots,\delta_{\mathbf{z}_0^{(l)}(h)},\cdots,\delta_{\mathbf{z}_{s_l}^{(l)}(h)}),$$

$$\Lambda:=(\delta_{\mathbf{z}^{(1)}}\circ q_0^{(1)}(D),\cdots,\delta_{\mathbf{z}^{(1)}}\circ q_{s_1}^{(1)}(D),\cdots,\delta_{\mathbf{z}^{(l)}}\circ q_0^{(l)}(D),\cdots,\delta_{\mathbf{z}^{(l)}}\circ q_{s_l}^{(l)}(D)),$$

其中对任意的 $i=1,\cdots,l$,$(q_0^{(i)},\cdots,q_{s_i}^{(i)})$ 是 $Q_{\mathbf{z}^{(i)}}$ 的满足 $\deg(q_0^{(i)})\leqslant\cdots\leqslant\deg(q_{s_i}^{(i)})$ 的

一组基. 为简便,记

$$\Lambda_h = (\lambda_1(h), \cdots, \lambda_m(h)), \Lambda = (\lambda_1, \cdots, \lambda_m),$$

其中 $m = s_1 + \cdots + s_l + l$ 为插值条件的个数.

令 $V := (\nu_1, \cdots, \nu_m)$ 是 ran P 的一组基,引入 $m \times m$ 矩阵

$$\Lambda^T V = (\lambda_i \nu_j : i, j = 1 : m), \Lambda_h^T V = (\lambda_i(h) \nu_j : i, j = 1 : m),$$

及 $m \times 1$ 向量

$$\Lambda^T f := (\lambda_1 f, \cdots, \lambda_m f) \mathrm{T}, \forall f \in F[\boldsymbol{x}],$$

$$\Lambda_h^T f := (\lambda_1(h) f, \cdots, \lambda_m(h) f) \mathrm{T}, \forall f \in F[\boldsymbol{x}].$$

显然由已知条件,$\Lambda^T V$ 是可逆的. 欲证 ran $P_h = $ ran P,只需证当 h 充分小时,$\Lambda_h^T V$ 也可逆即可.

由定理 2.3.1 可知,对任意的 $p \in F[\boldsymbol{x}]$ 和固定的 $1 \leqslant k \leqslant l, 1 \leqslant r \leqslant s_k$,存在与 p 无关的 $A_{k,0}^{(r)}, \cdots, A_{k,r}^{(r)} \in F$,使得

$$(\delta_{\boldsymbol{z}^{(k)}} \circ q_r^{(k)}(D)) p = \frac{1}{h^{\deg(q_r^{(k)})}} \Big(\sum_{i=0}^r A_{k,i}^{(r)} \delta_{\boldsymbol{z}_i^{(k)}(h)} \Big) p + O(h)$$

成立,其中 $A_{k,r}^{(r)} \neq 0$. 将 p 分别替换成 $\nu_j, j = 1, \cdots, m, f \in F[\boldsymbol{x}]$ 有

$$\Lambda^T V = Q \cdot (\Lambda_h^T V) + E_h, \tag{2.3.2}$$

$$\Lambda^T f = Q \cdot (\Lambda_h^T f) + \varepsilon_h, \tag{2.3.3}$$

这里 E_h 与 $\in_h$ 均与 h 同阶,Q 是一个主对角线元素均不为零的下三角矩阵,由公式 (2.3.2) 可知

$$\Lambda^T V = \lim_{h \to 0} Q \cdot (\Lambda_h^T V),$$

从而

$$\det(\Lambda^T V) = \lim_{h \to 0} \det(Q \cdot \Lambda_h^T V).$$

因为 $\det(\Lambda^T V) \neq 0$,所以存在一个正数 η 使得 $\det(Q \cdot \Lambda_h^T V) \neq 0, 0 < |h| < \eta$,这说明

$$\det(\Lambda_h^T V) \neq 0, 0 < |h| < \eta,$$

定理的第一部分得证.

为证明定理后半部分,考虑线性系统

$$(\Lambda_h^{\mathrm{T}} V)\boldsymbol{x} = \Lambda_h^{\mathrm{T}} f, \tag{2.3.4}$$

$$(\Lambda^{\mathrm{T}} V)\boldsymbol{x} = \Lambda^{\mathrm{T}} f, \tag{2.3.5}$$

$$(Q \cdot \Lambda_h^{\mathrm{T}} V)\boldsymbol{x} = Q \cdot \Lambda_h^{\mathrm{T}} f, \tag{2.3.6}$$

其中 $0 < |h| < \eta$. 由证明的前半部分可知,前两个系统有唯一解,分别记为 $\boldsymbol{x}_h, \boldsymbol{x}_0$.

容易看出系统式(2.3.4)和式(2.3.6)是等价的. 结合式(2.3.2)、式(2.3.3)和式(2.3.6),有

$$(\Lambda^{\mathrm{T}} V - E_h) \cdot \boldsymbol{x}_h = \Lambda^{\mathrm{T}} f - \in_h.$$

注意 E_h 和 ε_h 中的元素都收敛到0,再结合上式与式(2.3.5),利用线性系统的扰动分析(可以参见文献[84])可知

$$\lim_{h \to 0} \| \boldsymbol{x}_h - \boldsymbol{x}_0 \| = 0.$$

另一方面,由理想插值的知识,

$$P_h f = V \cdot \boldsymbol{x}_h, \quad Pf = V \cdot \boldsymbol{x}_0,$$

故 $\forall f \in F[\boldsymbol{x}], 0 < |h| < \eta, P_h f \to Pf$ 当且仅当 $V \cdot \boldsymbol{x}_h \to V \cdot \boldsymbol{x}_0$ 当且仅当 $\boldsymbol{x}_h \to \boldsymbol{x}_0$. 证毕.

利用离散逼近定理,直接可以得到如下结论:

推论 2.3.3 对于任意给定的理想投影算子 P,如果对 ran P' 中的每个节点及其微分闭子空间,离散逼近算法都可以输出相应的离散节点,则 P 为 Hermite 投影算子.

例 2.3.1 $\boldsymbol{z}^{(1)} = (1,1)$,$\boldsymbol{z}^{(2)} = (0,0)$,$a \in F$,$P$ 为一理想投影算子并且

$$V: = (1, x, y, x^2, xy, y^2, x^3),$$

$$\Lambda: = (\delta_{\boldsymbol{z}^{(1)}}, \delta_{\boldsymbol{z}^{(1)}} \circ D^{(1,0)}, \delta_{\boldsymbol{z}^{(1)}} \circ (2D^{(2,0)} + D^{(0,1)}), \delta_{\boldsymbol{z}^{(2)}}, \delta_{\boldsymbol{z}^{(2)}} \circ D^{(1,0)},$$

$$\delta_{\boldsymbol{z}^{(2)}} \circ (2D^{(2,0)} + aD^{(0,1)}), \delta_{\boldsymbol{z}^{(2)}} \circ (3D^{(3,0)} + 3aD^{(1,0)}D^{(0,1)}))$$

分别为 ran P 和 ran P' 的一组基.

由例 2.2.1,可以选 $\boldsymbol{z}^{(1)}$ 点对应的离散节点为

$$\boldsymbol{z}_0^{(1)}(h) = (1,1), \boldsymbol{z}_1^{(1)}(h) = (1+h, 1+h^2), \boldsymbol{z}_2^{(1)}(h) = (1-h, 1).$$

下面利用注 2.2.1 计算 $Q_{\boldsymbol{z}^{(2)}}(D)$ 的离散节点 $\boldsymbol{z}_0^{(2)}(h), \boldsymbol{z}_1^{(2)}(h), \boldsymbol{z}_2^{(2)}(h), \boldsymbol{z}_3^{(2)}(h)$.

令 $\boldsymbol{z}_1^{(2)}(h) = (t_{1,1}^{(1)} h, t_{2,1}^{(1)} h)$,则

$$\sum_{i=0}^{1} A_{2,i}^{(1)} f(\mathbf{z}_i^{(2)}(h)) = A_{2,0}^{(1)} f(0,0) + A_{2,1}^{(1)} f(t_{1,1}^{(1)} h, t_{2,1}^{(1)} h)$$

$$= (A_{2,0}^{(1)} + A_{2,1}^{(1)}) f(0,0) + (A_{2,1}^{(1)} t_{1,1}^{(1)} D^{(1,0)} + A_{2,1}^{(1)} t_{2,1}^{(1)} D^{(0,1)}) f(0,0) h +$$

$$O(h^2).$$

在 Maple 上解

$$\begin{cases} A_{2,0}^{(1)} + A_{2,1}^{(1)} = 0, \\ A_{2,1}^{(1)} t_{1,1}^{(1)} D^{(1,0)} + A_{2,1}^{(1)} t_{2,1}^{(1)} D^{(0,1)} = D^{(1,0)}, \end{cases}$$

所对应的方程组可得

$$\begin{cases} t_{2,1}^{(1)} = 0, \\ t_{1,1}^{(1)} = \dfrac{1}{A_{2,0}^{(1)}}, \\ A_1^{(1)} = -A_{2,0}^{(1)}. \end{cases}$$

取 $A_{2,0}^{(1)} = 1$，可以得到 $\delta_{\mathbf{z}^{(2)}} \circ D^{(1,0)}$ 对应的离散节点

$$\mathbf{z}_1^{(2)}(h) = (h,0).$$

下面假设

$$\mathbf{z}_2^{(2)}(h) = (t_{1,1}^{(2)} h + t_{1,2}^{(2)} h^2, t_{2,1}^{(2)} h + t_{2,2}^{(2)} h^2),$$

则

$$\sum_{i=0}^{2} A_{2,i}^{(2)} f(\mathbf{z}_i^{(2)}(h)) = A_{2,0}^{(2)} f(0,0) + A_{2,1}^{(2)} f(h,0) + A_{2,2}^{(2)} f(\mathbf{z}_2^{(2)}(h))$$

$$= (A_{2,0}^{(2)} + A_{2,1}^{(2)} + A_{2,2}^{(2)}) f(0,0) +$$

$$(A_{2,1}^{(2)} D^{(1,0)} + A_{2,2}^{(2)} (t_{1,1}^{(2)} D^{(1,0)} + t_{2,1}^{(2)} D^{(0,1)})) f(0,0) h +$$

$$(A_{2,1}^{(2)} D^{(2,0)} + A_{2,2}^{(2)} (t_{1,2}^{(2)} D^{(1,0)} + t_{2,2}^{(2)} D^{(0,1)} + (t_{1,1}^{(2)})^2 D^{(2,0)} +$$

$$(t_{2,1}^{(2)})^2 D^{(0,2)} + t_{1,1}^{(2)} t_{2,1}^{(2)} D^{(1,0)} D^{(0,1)})) f(0,0) h^2 + O(h^3).$$

解

$$\begin{cases} A_{2,0}^{(2)}+A_{2,1}^{(2)}+A_{2,2}^{(2)}=0, \\ A_{2,1}^{(2)}D^{(1,0)}+A_{2,2}^{(2)}(t_{1,1}^{(2)}D^{(1,0)}+t_{2,1}^{(2)}D^{(0,1)})=0, \\ A_{2,2}^{(2)}(t_{1,2}^{(2)}D^{(1,0)}+t_{2,2}^{(2)}D^{(0,1)}+(t_{1,1}^{(2)})^2D^{(2,0)}+(t_{2,1}^{(2)})^2D^{(0,2)}+t_{1,1}^{(2)}t_{2,1}^{(2)}D^{(1,0)}D^{(0,1)})+A_{2,1}^{(2)}D^{(2,0)} \\ =2D^{(2,0)}+aD^{(0,1)} \end{cases}$$

所对应的非线性系统可得一组特解 $A_{2,0}^{(2)}=1$, $A_{2,1}^{(2)}=-2$, $A_{2,2}^{(2)}=1$, $t_{1,1}^{(2)}=2$, $t_{1,2}^{(2)}=0$, $t_{2,1}^{(2)}=0$, $t_{2,2}^{(2)}=a$, 从而离散节点

$$\mathbf{z}_2^{(2)}(h)=(2h,ah^2).$$

最后设 $\mathbf{z}_3^{(2)}(h)$ 形如

$$\mathbf{z}_3^{(2)}(h)=(t_{1,1}^{(3)}h+t_{1,2}^{(3)}h^2,t_{2,1}^{(3)}h+t_{2,2}^{(3)}h^2),$$

利用类似的方法可以计算离散节点 $\mathbf{z}_3^{(2)}(h)=(3h,3ah^2)$.

假设

$$\Lambda_h:=(\delta_{(1,1)},\delta_{(1+h,1+h^2)},\delta_{(1-h,1)},\delta_{(0,0)},\delta_{(h,0)},\delta_{(2h,ah^2)},\delta_{(3h,3ah^2)})$$

为 ran P_h' 的一组基. 显然 P_h' 为 Lagrange 投影算子. 类似定理 2.3.2 中的讨论, 可以计算

$$Q\cdot(\Lambda_h^{\mathrm{T}}V)=\begin{pmatrix} 1 & 1 & 1 & 1 & 1 & 1 & 1 \\ 0 & 1 & h & 2+h & h^2+h+1 & h^3+2h & h^2+3h+3 \\ 0 & 0 & 1 & 2 & 1+h & 2+h^2 & 6 \\ 1 & 0 & 0 & 0 & 0 & 0 & 0 \\ 0 & 1 & 0 & h & 0 & 0 & h^2 \\ 0 & 0 & a & 2 & 2ha & h^2a^2 & 6h \\ 0 & 0 & 0 & 0 & 3a & 6ha^2 & 6 \end{pmatrix},$$

其中

$$Q = \begin{pmatrix} 1 & 0 & 0 & 0 & 0 & 0 & 0 \\ -\dfrac{1}{h} & \dfrac{1}{h} & 0 & 0 & 0 & 0 & 0 \\ -\dfrac{2}{h^2} & \dfrac{1}{h^2} & \dfrac{1}{h^2} & 0 & 0 & 0 & 0 \\ 0 & 0 & 0 & 1 & 0 & 0 & 0 \\ 0 & 0 & 0 & -\dfrac{1}{h} & \dfrac{1}{h} & 0 & 0 \\ 0 & 0 & 0 & \dfrac{1}{h^2} & -\dfrac{2}{h^2} & \dfrac{2}{h^2} & 0 \\ 0 & 0 & 0 & -\dfrac{1}{h^3} & \dfrac{3}{h^3} & -\dfrac{3}{h^3} & \dfrac{1}{h^3} \end{pmatrix}.$$

因为 $\det(Q) = \dfrac{2}{h^8} \neq 0$, $\det(\Lambda^{\mathrm{T}} V) = 12 - 6a + 24a^2$, 所以

$$\begin{aligned}
\det(Q \cdot (\Lambda_h^{\mathrm{T}} V)) = {} & -6h^5 a^3 - 6a^2 h^5 + 27a^3 h^4 - 12h^4 a + 75a^2 h^4 + 24ah^3 - 102h^3 a^2 - 84a^3 h^3 + \\
& 12h^2 + 99h^2 a^2 - 12ah^2 + 81h^2 a^3 - 18ah^3 + 18ah - 102ha^2 + 24a^2 - 6a + \\
& 12 \neq 0, 0 < |h| < \delta.
\end{aligned}$$

由于 $\det(Q \cdot (\Lambda_h^{\mathrm{T}} V))$ 为关于 h 的一元多项式, 故其在复数域上的根有有限个, 这说明了满足条件的 δ 确实存在.

第 3 章
二阶微分闭子空间的离散逼近问题

本章阐述了二阶微分闭子空间对应的离散逼近问题. 首先研究基底中只含一个二次多项式的二阶微分闭子空间的结构;然后利用类似的方法分析一般的二阶微分闭子空间的结构;最后给出此类空间可以被离散的充分条件,以及可以离散情况下的离散结点.

3.1　二阶微分闭子空间的结构

记 $Q_n, n = 1, 2$ 为 n 阶微分闭子空间,即 Q_n 满足:

(1) $Q_n \subset \{ f \in F[\boldsymbol{x}] : \deg(f) \leqslant n \}$;

(2) Q_n 中至少存在一个 n 次多项式.

因为 Q_2 为线性空间,所以只需考虑其一组特殊的基:固定一个单项序(例如分次反字典序 $1 < x_d < x_{d-1} < \cdots < x_1 < x_d^2 < x_d x_{d-1} < \cdots$),将 Q_2 基底中的多项式按此序写成矩阵的形式,然后对其进行 Gauss-Jordan 消去,得到的新矩阵即对应空间 Q_2 的另一组基底,称其为 Q_2 的约化基. 在本书的讨论中,如无特殊声明,凡提到线性空间的基,

总指其约化基.

在研究二阶微分闭子空间 Q_2 的结构之前, 首先考虑一类特殊的二阶微分闭子空间

$$\widetilde{Q}_2 := \mathrm{span}\{1, p_1^{(1)}, \cdots, p_{m_1}^{(1)}, p^{(2)}\},$$

其中 $m_1 \leqslant d$, 上角标表示多项式的次数. 给定 $p_i^{(1)}, i = 1, \cdots, m_1$, 下面给出 $p^{(2)}$ 的一般形式.

不失一般性, 利用变量替换并去掉常数项, 一次多项式可以表示为

$$\begin{pmatrix} p_1^{(1)}(\boldsymbol{x}) \\ p_2^{(1)}(\boldsymbol{x}) \\ \vdots \\ p_{m_1}^{(1)}(\boldsymbol{x}) \end{pmatrix} = \begin{pmatrix} 1 & 0 & \cdots & 0 & a_{1,m_1+1} & \cdots & a_{1,d} \\ 0 & 1 & \cdots & 0 & a_{2,m_1+1} & \cdots & a_{2,d} \\ \vdots & \vdots & & \vdots & \vdots & & \vdots \\ 0 & 0 & \cdots & 1 & a_{m_1,m_1+1} & \cdots & a_{m_1,d} \end{pmatrix} \begin{pmatrix} x_1 \\ x_2 \\ \vdots \\ x_d \end{pmatrix}$$

$$=: \begin{pmatrix} I_{m_1} & A \end{pmatrix} \boldsymbol{x}^{\mathrm{T}}, \tag{3.1.1}$$

其中 $\boldsymbol{x} := (x_1, \cdots, x_d)$.

定理 3.1.1　利用以上记号, $\widetilde{Q}_2$ 中的 $p^{(2)}$ 有以下形式

$$p^{(2)}(\boldsymbol{x}) = \frac{1}{2} \boldsymbol{x} \begin{pmatrix} E & EA \\ A^{\mathrm{T}}E & A^{\mathrm{T}}EA \end{pmatrix} \boldsymbol{x}^{\mathrm{T}} + L\boldsymbol{x}^{\mathrm{T}}, \tag{3.1.2}$$

其中 E 是一个 $m_1 \times m_1$ 对称矩阵, $L := (0, \cdots, 0, l_{m_1+1}, \cdots, l_d)$ 为一行向量.

证明: 因为基是约化基并忽略了常数项, 所以 $p^{(2)}$ 的线性部分有定理中的形式. 由二次型的定义,

$$p^{(2)}(\boldsymbol{x}) = \boldsymbol{x}B\boldsymbol{x}^{\mathrm{T}} + L\boldsymbol{x}^{\mathrm{T}},$$

其中 B 为 $d \times d$ 对称矩阵. 注意

$$\nabla p^{(2)}(\boldsymbol{x}) = (D_1 p^{(2)}(\boldsymbol{x}), \cdots, D_d p^{(2)}(\boldsymbol{x}))^{\mathrm{T}} = 2B\boldsymbol{x}^{\mathrm{T}} + L^{\mathrm{T}}.$$

另一方面, 由 $\widetilde{Q}_2$ 是微分闭的可知

$$D_k p^{(2)} \in \mathrm{span}\{1, p_1^{(1)}, \cdots, p_{m_1}^{(1)}\}, \ \forall k = 1, \cdots, d.$$

这意味着存在系数 $c_{ij}, i = 1, \cdots, d, j = 1, \cdots, m_1$, 使得

31

$$2B\boldsymbol{x}^{\mathrm{T}} = (c_{ij})_{d \times m_1}\begin{pmatrix} I_{m_1} & A \end{pmatrix}\boldsymbol{x}^{\mathrm{T}}$$

$$=: \begin{pmatrix} E \\ F \end{pmatrix}\begin{pmatrix} I_{m_1} & A \end{pmatrix}\boldsymbol{x}^{\mathrm{T}}$$

$$= \begin{pmatrix} E & EA \\ F & FA \end{pmatrix}\boldsymbol{x}^{\mathrm{T}},$$

其中 E, F 分别为 $m_1 \times m_1, (d-m_1) \times m_1$ 矩阵.

由 $B = B^{\mathrm{T}}$ 可知 $E = E^{\mathrm{T}}, F = (EA)^{\mathrm{T}} = A^{\mathrm{T}}E$. 于是

$$2B = \begin{pmatrix} E & EA \\ A^{\mathrm{T}}E & A^{\mathrm{T}}EA \end{pmatrix}.$$

证毕.

称上述定理证明中的矩阵 $(c_{i,j})_{d \times m_1}$ 为 $p^{(2)}$ 与 $p_1^{(1)}, \cdots, p_{m_1}^{(1)}$ 之间的**关联矩阵**.

注意 E 含有 $\frac{1}{2}m_1(m_1+1)$ 个自由参数, L 含 $d-m_1$ 个自由参数. 最后讨论二阶微分闭子空间

$$Q_2 = \mathrm{span}\{1, p_1^{(1)}, \cdots, p_{m_1}^{(1)}, p_1^{(2)}, \cdots, p_{m_2}^{(2)}\}$$

的结构, 其中 $m_1 \leqslant d, m_2 \leqslant \begin{pmatrix} d+1 \\ 2 \end{pmatrix}$. 由于考虑的是约化基, 故对所有的 $j = 1, \cdots, m_2, \nabla p_j^{(2)}$ 只与 Q_2 中的一次多项式有关. 也就是说, 对任意的 $k = 1, \cdots, d$, 恒有 $D_k p_j^{(2)} \in \mathrm{span}\{1, p_1^{(1)}, \cdots, p_{m_1}^{(1)}\}$ 成立.

仿照定理 3.1.1 的讨论, 直接可得如下结论.

推论 3.1.1 利用以上记号, $p_j^{(2)}, j = 1, \cdots, m_2$ 有如下形式

$$p_j^{(2)}(\boldsymbol{x}) = \frac{1}{2}\boldsymbol{x}\begin{pmatrix} E_j & E_jA \\ A^{\mathrm{T}}E_j & A^{\mathrm{T}}E_jA \end{pmatrix}\boldsymbol{x}^{\mathrm{T}} + L_j\boldsymbol{x}^{\mathrm{T}}, \tag{3.1.3}$$

其中, E_j 为 $m_1 \times m_1$ 对称矩阵, $L_j = (0, \cdots, 0, l_{m_1+1}^{(j)}, \cdots, l_d^{(j)})$ 为一行向量.

例 3.1.1 设 $Q_2 := \mathrm{span}\{1, y, x, y^2, x^2+z\}$, 则

$$\begin{pmatrix} x \\ y \end{pmatrix} = \begin{pmatrix} 1 & 0 & 0 \\ 0 & 1 & 0 \end{pmatrix} \begin{pmatrix} x \\ y \\ z \end{pmatrix} =: (I_2 \quad A)\, \boldsymbol{x}^{\mathrm{T}}.$$

容易验证 $p_1^{(2)}(\boldsymbol{x}) = y^2$ 对应的

$$E_1 = \begin{pmatrix} 0 & 0 \\ 0 & 2 \end{pmatrix}, L_1 = (0 \quad 0 \quad 0);$$

$p_2^{(2)}(\boldsymbol{x}) = x^2 + z$ 对应的

$$E_2 = \begin{pmatrix} 2 & 0 \\ 0 & 0 \end{pmatrix}, L_2 = (0 \quad 0 \quad 1).$$

实际上,利用笛卡儿张量和关联矩阵的概念,可以分析一般的 k 阶$(k \geqslant 3)$微分闭子空间的结构,这部分内容论证较为烦琐,故不再赘述.

3.2　简化的二阶微分闭子空间的离散逼近问题

3.1 节给出了二阶微分闭子空间的结构,接下来可以讨论其对应的离散逼近问题. 事实上,只需要逼近 $\delta_{\boldsymbol{z}} Q_2(D)$ 的某个基底中的泛函即可. 为不失一般性,假设 $\boldsymbol{z} = \boldsymbol{0}$. 因为 $Q_0 = \mathrm{span}\{1\}$,所以 $\delta_0 Q_0(D)$ 的对应的离散节点 $\boldsymbol{z} = \boldsymbol{0}$. 记

$$\boldsymbol{e}_i := (0, \cdots, 0, 1, 0, \cdots, 0)^{\mathrm{T}} \in \mathbb{R}^d$$

为 d 维单位向量,其中 1 在第 i 个位置上,$i = 1, \cdots, m_1$. 下面首先考虑 $\delta_0 Q_1(D)$ 的离散逼近问题.

命题 3.2.1　设 $Q_1 = \mathrm{span}\{1, p_1^{(1)}, \cdots, p_{m_1}^{(1)}\}$,其中 $p_i^{(1)}, i = 1, \cdots, m_1$ 形如式$(3.1.1)$,$\boldsymbol{z}_i^{(1)}(h) := \boldsymbol{e}_i^{\mathrm{T}}(I_{m_1} \quad A)h, i = 1, \cdots, m_1$,则点集

$$\{\boldsymbol{z}_1^{(1)}(h) := \boldsymbol{e}_i^{\mathrm{T}}(I_{m_1} \quad A)h : i = 1, \cdots, m_1\}$$

为满足

$$\lim_{h \to 0} \mathrm{span}\{\delta_0, \delta_{\boldsymbol{z}^{(1)}(h)}, \cdots, \delta_{\boldsymbol{z}_{m_1}^{(1)}(h)}\} = \{\delta_0 \circ p(D), p \in Q_1\}$$

的离散节点集.

证明:对于 $i=1,\cdots,m_1$,任意光滑函数 $f(\boldsymbol{x})$ 在 $\mathbf{z}_i^{(1)}(h)=\boldsymbol{e}_i^{\mathrm{T}}(I_{m_1}\quad A)h$ 点处的 Taylor 级数为

$$f(\boldsymbol{e}_i^{\mathrm{T}}(I_{m_1}\quad A)h)=f(\mathbf{0})+(\boldsymbol{e}_i^{\mathrm{T}}(I_{m_1}\quad A)\nabla)f(\mathbf{0})h+O(h^2),$$

因此

$$\frac{1}{h}(f(\boldsymbol{e}_i^{\mathrm{T}}(I_{m_1}\quad A)h)-f(\mathbf{0}))=(\boldsymbol{e}_i^{\mathrm{T}}(I_{m_1}\quad A)\nabla)f(\mathbf{0})+O(h).$$

从而

$$p_i^{(1)}(D)f(\mathbf{0})=(\boldsymbol{e}_i^{\mathrm{T}}(I_{m_1}\quad A)\nabla)f(\mathbf{0})=\lim_{h\to0}\frac{1}{h}(f(\boldsymbol{e}_i^{\mathrm{T}}(I_{m_1}\quad A)h)-f(\mathbf{0})),$$

即

$$\lim_{h\to0}\frac{1}{h}(\delta_{\mathbf{z}^{(1)}(h)}-\delta_0)=\delta_0\circ p_i^{(1)}(D).$$

证毕.

在讨论 $\delta_0 Q_2(D)$ 的离散逼近问题之前,首先考虑 $\delta_0\widetilde{Q}_2(D)$ 的离散,其中 $\widetilde{Q}_2$ 形如:

$$\widetilde{Q}_2:=\mathrm{span}\{1,p_1^{(1)},\cdots,p_{m_1}^{(1)},p^{(2)}\},$$

因 $\widetilde{Q}_2=Q_1\oplus\mathrm{span}\{p^{(2)}\}$,即 $\widetilde{Q}_2$ 的基底比 Q_1 的基底多了一个多项式,所以为逼近空间 $\delta_0\widetilde{Q}_2(D)$,只需向集合 $\{\mathbf{0},\mathbf{z}_1^{(1)}(h),\cdots,\mathbf{z}_{m_1}^{(1)}(h)\}$ 中再添加一个点即可,记之为 $\mathbf{z}^{(2)}(h)$.基于以上分析,显然有下述结论.

引理 3.2.1 令 $\widetilde{Q}_2=\mathrm{span}\{1,p_1^{(1)},\cdots,p_{m_1}^{(1)},p^{(2)}\}$.对于 $i=1,\cdots,m_1$,设 $p_i^{(1)}$ 具有式(3.1.1)的形式且 $\mathbf{z}_i^{(1)}(h)=\boldsymbol{e}_i^{\mathrm{T}}(I_{m_1}\quad A)h$.如果存在 $c_0,c_1,\cdots,c_{m_1+1}\in F$ 使得

$$\lim_{h\to0}\frac{1}{h^2}(c_0\delta_0+c_1\delta_{\mathbf{z}^{(1)}(h)}+\cdots+c_{m_1}\delta_{\mathbf{z}_{m_1}^{(1)}(h)}+c_{m_1+1}\delta_{\mathbf{z}^{(2)}(h)})=\delta_0\circ p^{(2)}(D),$$

则 $\{\mathbf{0},\mathbf{z}_1^{(1)}(h),\cdots,\mathbf{z}_{m_1}^{(1)}(h),\mathbf{z}^{(2)}(h)\}$ 构成 $\delta_0\widetilde{Q}_2(D)$ 的一组离散节点.

定理 3.2.1 设 $\widetilde{Q}_2=\mathrm{span}\{1,p_1^{(1)},\cdots,p_{m_1}^{(1)},p^{(2)}\}$,其中 $p_i^{(1)},i=1,\cdots,m_1,p^{(2)}$ 分别形如式(3.1.1)和(3.1.2).如果存在 $c_1,\cdots,c_{m_1+1}$ 使得

$$E = \mathrm{diag}(c_1,\cdots,c_{m_1}) + \frac{1}{c_{m_1+1}}(c_1,\cdots,c_{m_1})^{\mathrm{T}}(c_1,\cdots,c_{m_1}), \qquad (3.2.1)$$

则点集

$$\{\mathbf{0},\mathbf{z}_1^{(1)}(h),\cdots,\mathbf{z}_{m_1}^{(1)}(h),\mathbf{z}^{(2)}(h)\}$$

可以构成空间 $\delta_0\widetilde{Q}_2(D)$ 的离散点集,其中

$$\mathbf{z}_i^{(1)}(h) := e_i^{\mathrm{T}}(I_{m_1}\quad A)h, i=1,\cdots,m_1,$$

$$\mathbf{z}^{(2)}(h) := \frac{-1}{c_{m_1+1}}\Big(\sum_{i=1}^{m_1}c_i\,\mathbf{z}_i^{(1)}(h)\Big) + \frac{h^2}{c_{m_1+1}}L.$$

证明:为简便,记

$$C := (c_1,\cdots,c_{m_1})^{\mathrm{T}},\overline{C} := \mathrm{diag}(c_1,\cdots,c_{m_1}),$$

则式(3.2.1)等价于

$$E = \overline{C} + \frac{1}{c_{m_1+1}}CC^{\mathrm{T}}.$$

由定理3.1.1,

$$p^{(2)}(D) = \frac{1}{2}\nabla^{\mathrm{T}}\begin{pmatrix}E & EA \\ A^{\mathrm{T}}E & A^{\mathrm{T}}EA\end{pmatrix}\nabla + L\,\nabla.$$

令 $c_0 := -(\sum_{j=1}^{m_1+1}c_j)$. 任意光滑函数 f 在点 $\mathbf{z}_i^{(1)}(h)$ 和 $\mathbf{z}^{(2)}(h)$ 处的 Taylor 级数为

$$f(\mathbf{z}_i^{(1)}(h)) = f(\mathbf{0}) + (e_i^{\mathrm{T}}(I_{m_1}\quad A)\,\nabla)f(\mathbf{0})h +$$

$$\Big(\frac{1}{2}\nabla^{\mathrm{T}}\begin{pmatrix}I_{m_1} \\ A^{\mathrm{T}}\end{pmatrix}e_ie_i^{\mathrm{T}}(I_{m_1}\quad A)\nabla\Big)f(\mathbf{0})h^2 + O(h^3),$$

$$f(\mathbf{z}^{(2)}(h)) = f(\mathbf{0}) + \frac{-1}{c_{m_1+1}}\Big(\big(\sum_{i=1}^{m_1}c_ie_i^{\mathrm{T}}(I_{m_1}\quad A)\big)\,\nabla\Big)f(\mathbf{0})h +$$

$$\Big(\frac{1}{2}\nabla^{\mathrm{T}}\frac{1}{c_{m_1+1}^2}\begin{pmatrix}I_{m_1} \\ A^{\mathrm{T}}\end{pmatrix}CC^{\mathrm{T}}(I_{m_1}\quad A)\Big)\nabla + \frac{1}{c_{m_1+1}}L\,\nabla)f(\mathbf{0})h^2 + O(h^3).$$

于是

$$c_0 f(\mathbf{0}) + \sum_{i=1}^{m_1} c_i f(\mathbf{z}_i^{(1)}(h)) + c_{m_1+1} f(\mathbf{z}^{(2)}(h)) = W_0 + W_1 h + W_2 h^2 + O(h^3),$$

其中

$$W_0 := (c_0 + c_1 + \cdots + c_{m_1+1}) f(\mathbf{0}) = 0;$$

$$W_1 := \left(\left(\sum_{i=1}^{m_1} c_i e_i^{\mathrm{T}}(I_{m_1} \quad A) - \sum_{i=1}^{m_1} c_i e_i^{\mathrm{T}}(I_{m_1} \quad A) \right) \nabla \right) f(\mathbf{0}) = 0;$$

$$W_2 := \left(\frac{1}{2} \nabla^{\mathrm{T}} \left(\sum_{i=1}^{m_1} c_i \begin{pmatrix} I_{m_1} \\ A^{\mathrm{T}} \end{pmatrix} e_i e_i^{\mathrm{T}}(I_{m_1} \quad A) + \frac{1}{c_{m_1+1}} \begin{pmatrix} I_{m_1} \\ A^{\mathrm{T}} \end{pmatrix} CC^{\mathrm{T}}(I_{m_1} \quad A) \right) \nabla + L \nabla \right) f(\mathbf{0})$$

$$= \left(\frac{1}{2} \nabla^{\mathrm{T}} \left(\begin{pmatrix} I_{m_1} \\ A^{\mathrm{T}} \end{pmatrix} \left(\overline{C} + \frac{1}{c_{m_1+1}} CC^{\mathrm{T}} \right) (I_{m_1} \quad A) \right) \nabla + L \nabla \right) f(\mathbf{0})$$

$$= \left(\frac{1}{2} \nabla^{\mathrm{T}} \left(\begin{pmatrix} I_{m_1} \\ A^{\mathrm{T}} \end{pmatrix} E(I_{m_1} \quad A) \right) \nabla + L \nabla \right) f(\mathbf{0})$$

$$= \left(\frac{1}{2} \nabla^{\mathrm{T}} \begin{pmatrix} E & EA \\ A^{\mathrm{T}}E & A^{\mathrm{T}}EA \end{pmatrix} \nabla + L \nabla \right) f(\mathbf{0})$$

$$= p^{(2)}(D) f(\mathbf{0}).$$

因此

$$\lim_{h \to 0} \frac{1}{h^2} \left(c_0 f(\mathbf{0}) + \sum_{i=1}^{m_1} c_i f(\mathbf{z}_i^{(1)}(h)) + c_{m_1+1} f(\mathbf{z}^{(2)}(h)) \right) = p^{(2)}(D) f(\mathbf{0}),$$

即

$$\lim_{h \to 0} \frac{1}{h^2} \left(c_0 \delta_0 + \sum_{i=1}^{m_1} c_i \delta_{\mathbf{z}^{(1)}(h)} + c_{m_1+1} \delta_{\mathbf{z}^{(2)}(h)} \right) = \delta_0 \circ p^{(2)}(D),$$

由引理 3.2.1 知定理成立. 证毕.

注: 如果定理 3.2.1 中的方程 $E = \overline{C} + \dfrac{1}{c_{m_1+1}} C^{\mathrm{T}} \cdot C$ 关于 $c_1, \cdots, c_{m_1+1}$ 有解,则空间

$\delta_0 \widetilde{Q}_2(D)$ 可以被离散. 因为 E 是对称矩阵,所以方程个数为 $\dfrac{1}{2} m_1(m_1+1)$ 个,未定元

个数为 m_1+1 个. 对于对称矩阵 E 来说,下面根据 m_1 的取值来讨论方程

$$\begin{pmatrix} e_{11} & \cdots & e_{1m} \\ \vdots & & \vdots \\ e_{m1} & \cdots & e_{mm} \end{pmatrix} = \begin{pmatrix} c_1 & \cdots & 0 \\ \vdots & & \vdots \\ 0 & \cdots & c_m \end{pmatrix} + \begin{pmatrix} \dfrac{c_1^2}{c_{m+1}} & \cdots & \dfrac{c_1 c_m}{c_{m+1}} \\ \vdots & & \vdots \\ \dfrac{c_m c_1}{c_{m+1}} & \cdots & \dfrac{c_m^2}{c_{m+1}} \end{pmatrix}$$

的解的存在性：

（1）当 $m_1 = 1$ 时，$E = (e_{11}) = \left(c_1 + \dfrac{1}{c_2}c_1^2\right)$，此时对任意给定的 e_{11}，方程关于 c_1, c_2 一定有解；

（2）当 $m_1 = 2$ 时，方程为

$$\begin{pmatrix} e_{11} & e_{12} \\ e_{12} & e_{22} \end{pmatrix} = \begin{pmatrix} c_1 + \dfrac{c_1^2}{c_3} & \dfrac{c_1 c_2}{c_3} \\ \dfrac{c_1 c_2}{c_3} & c_2 + \dfrac{c_2^2}{c_3} \end{pmatrix},$$

经验证，只有当 $e_{12} = 0, e_{11} \neq 0, e_{22} \neq 0$ 时无解，其他情况均有解.

例 3.2.1　设 $x > y > z$，

$$\widetilde{Q}_2 := \mathrm{span}\left\{1, x+z, y+2z, \frac{3}{2}x^2 + 3y^2 + \frac{47}{2}z^2 + 5xy + 13xz + 17yz + z\right\}.$$

利用定理 3.2.1，可以验证

$$A = \begin{pmatrix} 1 \\ 2 \end{pmatrix}, E = \begin{pmatrix} 3 & 5 \\ 5 & 6 \end{pmatrix}, L = (0 \quad 0 \quad 1).$$

容易计算

$$\begin{pmatrix} 3 & 5 \\ 5 & 6 \end{pmatrix} = \begin{pmatrix} c_1 & 0 \\ 0 & c_2 \end{pmatrix} + \frac{1}{c_3}\begin{pmatrix} c_1^2 & c_1 c_2 \\ c_1 c_2 & c_2^2 \end{pmatrix}$$

有唯一解 $(c_1, c_2, c_3) = \left(-\dfrac{7}{11}, -\dfrac{7}{8}, \dfrac{49}{440}\right)$. 因此可得离散节点

$$\mathbf{z}_1^{(1)}(h) = (h, 0, h), \mathbf{z}_2^{(1)}(h) = (0, h, 2h),$$

$$\mathbf{z}^{(2)}(h) = \frac{-1}{c_3}\left(\sum_{i=1}^{2} c_i \mathbf{z}_i^{(1)}(h)\right) + \frac{h^2}{c_3}L = \left(\frac{40}{7}h, \frac{55}{7}h, \frac{150}{7}h + \frac{440}{49}h^2\right).$$

de Boor 和 Shekhtman 在文献 $[60,70]$ 中已经证明了复数域上的二元离散逼近问题一定可解. 下例说明存在空间 $\delta_0 \widetilde{Q}_2(D)$ 可以被离散,但是利用上述定理却不能得到离散节点. 这是因为在考虑二阶空间的离散时,事先固定了一阶闭子空间 $\delta_0 Q_1(D)$ 的离散节点. 换言之,上述定理只给出了 $\delta_0 \widetilde{Q}_2(D)$ 可以被离散的一个充分条件.

例 3.2.2 设

$$\widetilde{Q}_2 := \operatorname{span}\{1, x, y, x^2 + y^2\} \subset F[x, y].$$

利用上述记号,$E = I_2, L = (0, 0)$. 由命题 3.2.1 可知

$$\mathbf{z}_1^{(1)}(h) = (h, 0), \mathbf{z}_2^{(1)}(h) = (0, h).$$

再由定理 3.2.1,为得到离散节点 $\mathbf{z}^{(2)}(h)$,只需解方程组

$$\begin{cases} 1 = c_1 + c_1^2/c_3, \\ 0 = 0 + c_1 c_2/c_3, \\ 1 = c_2 + c_2^2/c_3. \end{cases}$$

第二个等式说明 c_1, c_2 中至少有一个为 0,这与第一个或最后一个等式矛盾,所以上述方程组无解. 因此在此例中,无法利用定理 3.2.1 计算离散节点 $\mathbf{z}^{(2)}(h)$. 实际上,

利用前一章介绍的离散逼近算法,可以计算出空间 $\delta_0 \widetilde{Q}_2(D)$ 的一组离散节点

$$\{(0, 0), (2h, h), (3h, h), (0, 7h)\}.$$

在本书后面的章节中,我们还将利用 Shekhtman 的方法给出它的另一组离散节点.

推论 3.2.1 利用以上记号,如果存在 $c_1, \cdots, c_{m_1}$ 使得

$$E = \operatorname{diag}(c_1, \cdots, c_{m_1}) + (c_1, \cdots, c_{m_1})^{\mathrm{T}}(c_1, \cdots, c_{m_1}), \tag{3.2.2}$$

则空间 $\delta_0 \widetilde{Q}_2(D)$ 有离散节点集

$$\{\mathbf{0}, \mathbf{z}_1^{(1)}(h), \cdots, \mathbf{z}_{m_1}^{(1)}(h), \mathbf{z}^{(2)}(h)\},$$

其中

$$\mathbf{z}_i^{(1)}(h):=e_i^{\mathrm{T}}(I_{m_1}\quad A)h, i=1,\cdots,m_1,$$

$$\mathbf{z}^{(2)}(h):=-\Big(\sum_{i=1}^{m_1}c_i\,\mathbf{z}_i^{(1)}(h)\Big)+Lh^2.$$

证明:在定理 3.2.1 中取 $c_{m_1+1}=1$ 即得结论.

系统(3.2.2)是否有解是容易验证的:首先解矩阵对角线上对应的方程(即 $E(i,i)=c_i+c_i^2$)可得 $c_1,\cdots,c_{m_1}$,然后检验其他位置上的等式是否是相容的.

本节最后给出空间 $\delta_0 Q_2(D)$ 可以被离散的一个充分条件.

定理 3.2.2　设 $Q_2=\operatorname{span}\{1,p_1^{(1)},\cdots,p_{m_1}^{(1)},p_1^{(2)},\cdots,p_{m_2}^{(2)}\}$,其中 $p_i^{(1)},i=1,\cdots,m_1$, $p_j^{(2)},j=1,\cdots,m_2$,分别如前定义. 如果对每个 $p_j^{(2)}$,都存在 $c_1^{(j)},\cdots,c_{m_1+1}^{(j)}$ 使得

$$E_j=\operatorname{diag}(c_1^{(j)},\cdots,c_{m_1}^{(j)})+\frac{1}{c_{m_1+1}^{(j)}}(c_1^{(j)},\cdots,c_{m_1}^{(j)})^{\mathrm{T}}(c_1^{(j)},\cdots,c_{m_1}^{(j)}),$$

则空间 $\delta_0 Q_2(D)$ 有离散节点集

$$\{\mathbf{0},\mathbf{z}_1^{(1)}(h),\cdots,\mathbf{z}_{m_1}^{(1)}(h),\mathbf{z}_1^{(2)}(h),\cdots,\mathbf{z}_{m_2}^{(2)}(h)\},$$

其中

$$\mathbf{z}_i^{(1)}(h):=e_i^{\mathrm{T}}(I_{m_1}\quad A)\,h, i=1,\cdots,m_1,$$

$$\mathbf{z}_j^{(2)}(h):=\frac{-1}{c_{m_1+1}^{(j)}}\Big(\sum_{i=1}^{m_1}c_i^{(j)}\,\mathbf{z}_i^{(1)}(h)\Big)+\frac{h^2}{c_{m_1+1}^{(j)}}L_j, j=1,\cdots,m_2.$$

证明:由命题 3.2.1,

$$\lim_{h\to 0}\frac{1}{h}(\delta_{\mathbf{z}_i^{(1)}(h)}-\delta_0)=\delta_0\circ p_i^{(1)}(D), i=1,\cdots,m_1.$$

再由定理 3.2.1,对任意的 $j=1,\cdots,m_2$,

$$\lim_{h\to 0}\frac{1}{h^2}\Big(c_0^{(j)}\delta_0+\sum_{i=1}^{m_1}c_i^{(j)}\delta_{\mathbf{z}_i^{(1)}(h)}+c_{m_1+1}^{(j)}\delta_{\mathbf{z}_j^{(2)}(h)}\Big)=\delta_0\circ p_j^{(2)}(D).$$

证毕.

3.3 二阶微分闭子空间的离散逼近算法

第 2 章给出的离散逼近算法的思想是针对要离散的闭子空间 $\delta_z \circ Q_z(D)$，首先假定离散节点具有特定形式:

$$\mathbf{z}_i(h) := \left(\sum_{j=1}^{N} t_{1,j}^{(i)} h^j, \cdots, \sum_{j=1}^{N} t_{d,j}^{(i)} h^j \right), i = 1, \cdots, s,$$

然后求解其中的待定参数. 当未定元个数 d 较大或者空间 Q 的维数较高时，最后要求解系统的参数个数也随之增多，求解将变得十分困难. 造成非线性方程组 S 难于求解的另一个原因是算法本身没有充分考虑闭子空间 Q 的微分闭性质. 本节将针对 Q 为二阶微分闭子空间的情况，结合空间微分闭的性质，给出更容易验证的离散条件.

由定理 3.2.1 可知，二阶微分闭子空间 $\delta_0 \widetilde{Q}_2(D)$ 的离散逼近问题是否有解完全由 $p^{(2)}$ 的二次项决定，与一次项无关. 换言之，如果 $p_j^{(2)}$ 为二次齐次多项式时，插值问题可以被离散，那么当 $p_j^{(2)}$ 含有一次部分时，只需对原离散节点加上 h 的高次项即可. 因此我们可以假设每个 $p_j^{(2)}$ 均为齐次多项式. 为简便，仍然首先考虑基底中只含有一个二次齐次多项式的空间，即 $Q := \mathrm{span}\{1, p_1^{(1)}, p_2^{(1)}, \cdots, p_{m_1}^{(1)}, p_1^{(2)}\}$. 在本节后续中，将 m_1 简记为 m. 设基点 $\mathbf{z}_0(h) = \mathbf{0}$，根据前述离散逼近算法可设空间 Q 对应有离散节点

$$\mathbf{z}_i(h) = (t_{1,1}^{(i)} h, t_{2,1}^{(i)} h, \cdots, t_{d,1}^{(i)} h) = (t_{1,1}^{(i)}, t_{2,1}^{(i)}, \cdots, t_{d,1}^{(i)}) h, i = 1, 2, \cdots, m,$$

$$\mathbf{z}_{m+1}(h) = (t_{1,1}^{(m+1)} h + t_{1,2}^{(m+1)} h^2, t_{2,1}^{(m+1)} h + t_{2,2}^{(m+1)} h^2, \cdots, t_{d,1}^{(m+1)} h + t_{d,2}^{(m+1)} h^2),$$

其中 $t_{k,j}^{(i)}$ 为待定参数. 分析离散逼近算法的第二步和第三步可知，当 Q 基底中的二次多项式 $p^{(2)}$ 为齐次多项式时，可以直接假定其对应的离散节点只包含 h 的一次项，因此其对应的离散节点可以简化为:

$$\mathbf{z}_i(h) = (t_{i,1} h, t_{i,2} h, \cdots, t_{i,d} h) = (t_{i,1}, t_{i,2}, \cdots, t_{i,d}) h, i = 1, 2, \cdots, m+1.$$

由离散逼近算法，$\delta_0 \circ p_i^{(1)}(D)$，$i=1,2,\cdots,m$ 应由前 $i+1$ 个点的赋值泛函逼近；$\delta_0 \circ p_1^{(2)}(D)$ 由此 $m+2$ 个点共同逼近. 具体地，为逼近 $\delta_0 \circ p_1^{(1)}(D)$，可以将前两个点做线性组合使得

$$\frac{1}{h}(c_0^{(1)}f(\mathbf{0}) + c_1^{(1)}f((t_{1,1},t_{1,2},\cdots,t_{1,d})h)) \to p_1^{(1)}(D)f(\mathbf{0}),h \to 0. \quad (3.3.1)$$

记

$$\mathbf{t}_i = (t_{i,1},t_{i,2},\cdots,t_{i,d}),\mathbf{t}_i h = (t_{i,1}h,t_{i,2}h,\cdots,t_{i,d}h),i = 1,2,\cdots,m+1,$$

则由 Taylor 展开式可得

$$f(\mathbf{t}_i h) = f(\mathbf{0}) + (\mathbf{t}_i \cdot \nabla)f(\mathbf{0})h + \left(\frac{1}{2}\nabla^{\mathrm{T}} \mathbf{t}_i^{\mathrm{T}} \mathbf{t}_i \nabla\right)f(\mathbf{0})h^2 + O(h^3),i = 1,2,\cdots,m+1,$$

其中 $\nabla = \left(\dfrac{\partial}{\partial x_1},\dfrac{\partial}{\partial x_2},\cdots,\dfrac{\partial}{\partial x_d}\right)^{\mathrm{T}}$. 再由一次多项式的表达式(3.1.1)可知，式(3.3.1)等价于

$$\begin{cases} c_0^{(1)} + c_1^{(1)} = 0, \\ c_1^{(1)} \mathbf{t}_1 \cdot \nabla f(\mathbf{0}) = \mathbf{e}_1^{\mathrm{T}}(I_m \quad A) \cdot \nabla f(\mathbf{0}), \end{cases}$$

这里 $\mathbf{e}_k^{\mathrm{T}}(I_m \quad A)$ 表示矩阵 $(I_m \quad A)$ 的第 k 行行向量，$k=1,2,\cdots,m$. 类似地可以逼近其余一阶多项式 $p_i^{(1)}(D)$.

为逼近 $p_1^{(2)}(D)$，由离散逼近算法，需令：

$$\frac{1}{h^2}(c_0^{(m+1)}f(\mathbf{0}) + c_1^{(m+1)}f(\mathbf{t}_1 h) + c_2^{(m+1)}f(\mathbf{t}_2 h) + \cdots + c_{m+1}^{(m+1)}f(\mathbf{t}_{m+1}h)) \to p_1^{(2)}(D)f(\mathbf{0}),h \to 0,$$

这等价于

$$\begin{cases} c_0^{(m+1)} + c_1^{(m+1)} + \cdots + c_{m+1}^{(m+1)} = 0, \\ c_1^{(m+1)} \mathbf{t}_1 + c_2^{(m+1)} \mathbf{t}_2 + \cdots + c_{m+1}^{(m+1)} \mathbf{t}_{m+1} = 0, \\ (\nabla^{\mathrm{T}}(c_1^{(m+1)} \mathbf{t}_1^{\mathrm{T}} \mathbf{t}_1 + c_2^{(m+1)} \mathbf{t}_2^{\mathrm{T}} \mathbf{t}_2 + \cdots + c_{m+1}^{(m+1)} \mathbf{t}_{m+1}^{\mathrm{T}} \mathbf{t}_{m+1}) \nabla)f(\mathbf{0}) = p_1^{(2)}(D)f(\mathbf{0}). \end{cases}$$

$$(3.3.2)$$

下面给出主要定理.

定理 3.3.1　对任意给定的二阶微分闭子空间 $Q: = \mathrm{span}\{1,p_1^{(1)},\cdots,p_m^{(1)},p_1^{(2)}\}$，

其中 $p_i^{(1)}, i=1,2,\cdots,m$ 及 $p_1^{(2)}$ 形如式(3.1.1)和式(3.1.2),则根据离散逼近算法,空间 $\delta_0 \circ Q(D)$ 可以被离散的充分必要条件是方程

$$E_1 = \begin{pmatrix} c_{11} & c_{12} & \cdots & c_{1m} \\ c_{21} & c_{22} & \cdots & c_{2m} \\ \vdots & \vdots & & \vdots \\ c_{m1} & c_{m2} & \cdots & c_{mm} \end{pmatrix} \doteq C$$

有解,其中 m 阶方阵 C 的元素 c_{ij} 为关于组合系数 $c_j^{(i)}, i=1,2,\cdots,m+1, j=0,1,\cdots,i$ 的表达式.

证明:由上述分析可知,空间 $\delta_0 \circ Q(D)$ 可以被离散的充分必要条件是下述方程有解:

$$\begin{cases} c_0^{(1)} + c_1^{(1)} = 0, \\ c_1^{(1)} \mathbf{t}_1 = \mathbf{e}_1^{\mathrm{T}}(I_m \quad A), \\ c_0^{(2)} + c_1^{(2)} + c_2^{(2)} = 0, \\ c_1^{(2)} \mathbf{t}_1 + c_2^{(2)} \mathbf{t}_2 = \mathbf{e}_2^{\mathrm{T}}(I_m \quad A), \\ \qquad\qquad \vdots \\ c_0^{(m)} + c_1^{(m)} + \cdots + c_m^{(m)} = 0, \\ c_1^{(m)} \mathbf{t}_1 + c_2^{(m)} \mathbf{t}_2 + \cdots + c_m^{(m)} \mathbf{t}_m = \mathbf{e}_m^{\mathrm{T}}(I_m \quad A), \\ c_0^{(m+1)} + c_1^{(m+1)} + \cdots + c_{m+1}^{(m+1)} = 0, \\ c_1^{(m+1)} \mathbf{t}_1 + c_2^{(m+1)} \mathbf{t}_2 + \cdots + c_{m+1}^{(m+1)} \mathbf{t}_{m+1} = 0, \\ c_1^{(m+1)} \mathbf{t}_1^{\mathrm{T}} \mathbf{t}_1 + c_2^{(m+1)} \mathbf{t}_2^{\mathrm{T}} \mathbf{t}_2 + \cdots + c_{m+1}^{(m+1)} \mathbf{t}_{m+1}^{\mathrm{T}} \mathbf{t}_{m+1} = \dfrac{1}{2}\begin{pmatrix} E_1 & E_1 A \\ A^{\mathrm{T}} E_1 & A^{\mathrm{T}} E_1 A \end{pmatrix}. \end{cases}$$

$$(3.3.3)$$

上述系统的最后一个等式成立是由定理3.1.1得出

$$p_1^{(2)}(D)f(\mathbf{0}) = \frac{1}{2}\left(\nabla^{\mathrm{T}}\begin{pmatrix} E_1 & E_1 A \\ A^{\mathrm{T}} E_1 & A^{\mathrm{T}} E_1 A \end{pmatrix}\nabla\right)f(\mathbf{0}),$$

再结合式(3.3.2)可知成立. 方程的待定参数包括离散节点参数 $t_{i,j}$, $i=1,\cdots,m+1$, $j=1,2,\cdots,d$, 以及所有组合系数 $c_j^{(i)}$, $i=1,2,\cdots,m+1$, $j=0,1,\cdots,i$. 由前两个等式可知:

$$\mathbf{t}_1 = \frac{1}{c_1^{(1)}} \mathbf{e}_1^{\mathrm{T}}(I_m \quad A) =: \tilde{c}_1^{(1)} \mathbf{e}_1^{\mathrm{T}}(I_m \quad A),$$

其中 $\tilde{c}_1^{(1)} := \frac{1}{c_1^{(1)}}$;将 $\mathbf{t}_1$ 代入上述系统的第四个等式计算出 $\mathbf{t}_2$:

$$\mathbf{t}_2 = \frac{1}{c_2^{(2)}} \mathbf{e}_2^{\mathrm{T}}(I_m \quad A) - \frac{c_1^{(2)}}{c_1^{(1)} c_2^{(2)}} \mathbf{e}_1^{\mathrm{T}}(I_m \quad A)$$

$$=: \tilde{c}_1^{(2)} \mathbf{e}_1^{\mathrm{T}}(I_m \quad A) + \tilde{c}_2^{(2)} \mathbf{e}_2^{\mathrm{T}}(I_m \quad A),$$

其中 $\tilde{c}_1^{(2)} := \frac{-c_1^{(2)}}{c_1^{(1)} c_2^{(2)}}$, $\tilde{c}_2^{(2)} = \frac{1}{c_2^{(2)}}$;类似地,再将 $\mathbf{t}_1$, $\mathbf{t}_2$ 代入系统的第 6 个等式,可计算得 $\mathbf{t}_3$. 继续进行下去,可以得到 $\mathbf{t}_i$, $i=1,2,\cdots,m+1$ 的表达式:

$$\mathbf{t}_i = \tilde{c}_1^{(i)} \mathbf{e}_1^{\mathrm{T}}(I_m \quad A) + \tilde{c}_2^{(i)} \mathbf{e}_2^{\mathrm{T}}(I_m \quad A) + \cdots \tilde{c}_i^{(i)} \mathbf{e}_i^{\mathrm{T}}(I_m \quad A); i=1,\cdots,m,$$

$$\mathbf{t}_{m+1} = \tilde{c}_1^{(m+1)} \mathbf{e}_1^{\mathrm{T}}(I_m \quad A) + \tilde{c}_2^{(m+1)} \mathbf{e}_2^{\mathrm{T}}(I_m \quad A) + \cdots + \tilde{c}_m^{(m+1)} \mathbf{e}_m^{\mathrm{T}}(I_m \quad A),$$

其中 $\tilde{c}_j^{(i)}$ 是关于原系统组合系数 $c_j^{(i)}$ 的表达式,且有

$$\mathbf{t}_i^{\mathrm{T}} \mathbf{t}_i = \left(\sum_{s=1}^{i} \tilde{c}_s^{(i)} \binom{I_m}{A^{\mathrm{T}}} \mathbf{e}_s \right) \left(\sum_{k=1}^{i} \tilde{c}_k^{(i)} \mathbf{e}_k^{\mathrm{T}}(I_m \quad A) \right)$$

$$= \sum_{s=1}^{i} \sum_{k=1}^{i} \tilde{c}_s^{(i)} \tilde{c}_k^{(i)} \binom{I_m}{A^{\mathrm{T}}} \mathbf{e}_s \mathbf{e}_k^{\mathrm{T}}(I_m \quad A), i=1,\cdots,m;$$

$$\mathbf{t}_{m+1}^{\mathrm{T}} \mathbf{t}_{m+1} = \left(\sum_{s=1}^{m} \tilde{c}_s^{(m+1)} \binom{I_m}{A^{\mathrm{T}}} \mathbf{e}_s \right) \left(\sum_{k=1}^{m} \tilde{c}_k^{(m+1)} \mathbf{e}_k^{\mathrm{T}}(I_m \quad A) \right)$$

$$= \sum_{s=1}^{m} \sum_{k=1}^{m} \tilde{c}_s^{(m+1)} \tilde{c}_k^{(m+1)} \binom{I_m}{A^{\mathrm{T}}} \mathbf{e}_s \mathbf{e}_k^{\mathrm{T}}(I_m \quad A).$$

因此系统(3.3.3)最后一个等式的左端为:

$$\sum_{i=1}^{m+1} c_i^{(m+1)}\, \mathbf{t}_i^{\mathrm{T}}\,\mathbf{t}_i = \sum_{i=1}^{m} c_i^{(m+1)} \sum_{s=1}^{i}\sum_{k=1}^{i} \widetilde{c}_s^{(i)} \widetilde{c}_k^{(i)} \binom{I_m}{A^{\mathrm{T}}} \mathbf{e}_s\,\mathbf{e}_k^{\mathrm{T}} (I_m \quad A) +$$

$$c_{m+1}^{(m+1)} \sum_{s=1}^{m}\sum_{k=1}^{m} \widetilde{c}_s^{(m+1)} \widetilde{c}_k^{(m+1)} \binom{I_m}{A^{\mathrm{T}}} \mathbf{e}_s\,\mathbf{e}_k^{\mathrm{T}} (I_m \quad A)$$

$$= \binom{I_m}{A^{\mathrm{T}}} \left(\sum_{i=1}^{m}\sum_{s=1}^{i}\sum_{k=1}^{i} c_i^{(m+1)} \widetilde{c}_s^{(i)} \widetilde{c}_k^{(i)} \mathbf{e}_s\,\mathbf{e}_k^{\mathrm{T}} + \sum_{s=1}^{m}\sum_{k=1}^{m} c_{m+1}^{(m+1)} \widetilde{c}_s^{(m+1)} \widetilde{c}_k^{(m+1)} \mathbf{e}_s\,\mathbf{e}_k^{\mathrm{T}} \right) (I_m \quad A)$$

$$=: \binom{I_m}{A^{\mathrm{T}}} \left(\sum_{s=1}^{m}\sum_{k=1}^{m} c_{sk}\, \mathbf{e}_s\,\mathbf{e}_k^{\mathrm{T}} \right) (I_m \quad A),$$

其中 $c_{sk}, s,k=1,2,\cdots,m$ 均为关于组合系数 $c_j^{(i)}, i=1,2,\cdots,m+1, j=0,1,\cdots,i$ 的表达式,且容易看出其具有对称性,即 $c_{sk}=c_{ks}$. 从而式(3.3.3)左端可表示为:

$$\sum_{i=1}^{m+1} c_i^{(m+1)}\, \mathbf{t}_i^{\mathrm{T}}\,\mathbf{t}_i = \binom{I_m}{A^{\mathrm{T}}} \cdot \begin{pmatrix} c_{11} & c_{12} & \cdots & c_{1m} \\ c_{21} & c_{22} & \cdots & c_{2m} \\ \vdots & \vdots & & \vdots \\ c_{m1} & c_{m2} & \cdots & c_{mm} \end{pmatrix} \cdot (I_m \quad A)$$

$$= \binom{I_m}{A^{\mathrm{T}}} \cdot C \cdot (I_m \quad A) = \begin{pmatrix} C & CA \\ A^{\mathrm{T}}C & A^{\mathrm{T}}CA \end{pmatrix},$$

令其与式(3.3.3)右端相等可知定理得证.

推论 3.3.1　设有插值条件形如 $\mathrm{span}_F\{\delta_z \circ \mathbf{q}(\mathrm{D}):\mathbf{q}\in Q_z\}$ 的理想插值问题,且 Q_z 具有定理 3.3.1 所述形式. 若定理 3.3.1 中对应的系统有解,则该理想插值问题可以写成 Lagrange 插值的极限形式.

应用离散逼近算法考虑理想插值问题的离散化时,式(3.3.2)最后一个表达式包含有 $\dfrac{d(d+1)}{2}=O(d^2)$ 个需要求解的非线性方程;定理 3.3.1 说明当充分考虑到微分闭子空间中二次多项式的结构性质时,离散逼近算法的主要计算量可以减少到 $\dfrac{m(m+1)}{2}=O(m^2)$. 若所考虑插值问题对应的 Q_z 基底中包含有多个二次多项式,则只需在系统(3.3.3)中添加相应的等式再求解即可.

定理 3.3.1 结合微分闭子空间的结构给出二阶微分闭子空间在离散逼近算法思想下对应理想插值问题可以离散的充要条件,上节给出的简化离散逼近方法由于事先确定了一阶离散节点,得到的只是充分条件. 下例利用上节的简化离散逼近方法无法计算出离散节点,但利用本节定理 3.3.1 可以计算.

例 3.3.1　假设有理想插值问题,插值条件构成的空间为

$$\mathrm{span}_F\left\{\delta_0, \delta_0 \circ \frac{\partial}{\partial x}, \delta_0 \circ \frac{\partial}{\partial y}, \delta_0 \circ \left(\frac{\partial^2}{\partial x^2} + \frac{\partial^2}{\partial y^2}\right)\right\}. \tag{3.3.4}$$

即

$$Q = \mathrm{span}_F\{1, x, y, x^2 + y^2\},$$

$$\begin{pmatrix} p_1^{(1)}(\boldsymbol{x}) \\ p_2^{(1)}(\boldsymbol{x}) \end{pmatrix} = \begin{pmatrix} x \\ y \end{pmatrix} = \begin{pmatrix} 1 & 0 \\ 0 & 1 \end{pmatrix} \begin{pmatrix} x \\ y \end{pmatrix} = I_2 \boldsymbol{x}^{\mathrm{T}},$$

$$p_1^{(2)}(\boldsymbol{x}) = x^2 + y^2 = \frac{1}{2}\boldsymbol{x}\begin{pmatrix} E_1 & E_1 A \\ A^{\mathrm{T}} E_1 & A^{\mathrm{T}} E_1 A \end{pmatrix}\boldsymbol{x}^{\mathrm{T}} = \frac{1}{2}\boldsymbol{x}\begin{pmatrix} 2 & 0 \\ 0 & 2 \end{pmatrix}\boldsymbol{x}^{\mathrm{T}}.$$

根据主要定理,节点

$$\boldsymbol{z}_0(h) = (0,0), \boldsymbol{z}_i(h) = (t_{i,1}h, t_{i,2}h) = (t_{i,1}, t_{i,2})h, i = 1,2,3,$$

构成空间 $\delta_0 \circ Q(D)$ 的一组离散节点的充要条件是下面关于参数 $\boldsymbol{t}_i = (t_{i,1}, t_{i,2}), i = 1, 2, 3$ 及组合系数的系统有解:

$$\begin{cases} c_0^{(1)} + c_1^{(1)} = 0, \\[4pt] c_1^{(1)} \boldsymbol{t}_1 = \boldsymbol{e}_1^{\mathrm{T}}(I_2 \quad A) = (1,0), \\[4pt] c_0^{(2)} + c_1^{(2)} + c_2^{(2)} = 0, \\[4pt] c_1^{(2)} \boldsymbol{t}_1 + c_2^{(2)} \boldsymbol{t}_2 = \boldsymbol{e}_2^{\mathrm{T}}(I_2 \quad A) = (0,1), \\[4pt] c_0^{(3)} + c_1^{(3)} + c_2^{(3)} + c_3^{(3)} = 0, \\[4pt] c_1^{(3)} \boldsymbol{t}_1 + c_2^{(3)} \boldsymbol{t}_2 + c_3^{(3)} \boldsymbol{t}_3 = 0, \\[4pt] c_1^{(3)} \boldsymbol{t}_1^{\mathrm{T}} \boldsymbol{t}_1 + c_2^{(3)} \boldsymbol{t}_2^{\mathrm{T}} \boldsymbol{t}_2 + c_3^{(3)} \boldsymbol{t}_3^{\mathrm{T}} \boldsymbol{t}_3 = \frac{1}{2}\begin{pmatrix} E_1 & E_1 A \\ A^{\mathrm{T}} E_1 & A^{\mathrm{T}} E_1 A \end{pmatrix} = \begin{pmatrix} 1 & 0 \\ 0 & 1 \end{pmatrix}. \end{cases}$$

在 Maple 上求解上述系统并取其一组解可得离散节点:

$$\mathbf{z}_0(h) = (0,0), \mathbf{z}_1(h) = (h,0), \mathbf{z}_2(h) = (2h,2h), \mathbf{z}_3(h) = (2h,-5h),$$

即节点 $(0,0),(h,0),(2h,2h),(2h,-5h)$ 上的 Lagrange 插值问题当 h 趋于零时收敛到插值条件形如式(3.3.4)的理想插值.

第 **4** 章

二元理想插值的离散逼近问题

Shekhtman 证明了复数域上的二元理想投影算子均为 Hermite 投影算子,并给出了一种离散方法. 本章基于 Shekhtman 理论,在假定给定插值节点上的一般插值条件的前提下,介绍二元理想插值离散逼近问题的构造性算法. 对于单点的理想插值问题,4.2 节首先给出计算理想投影算子核的 Groebner 基算法,然后再利用 Jordan 标准型和一元有理插值方法计算离散节点.

4.1 二元理想插值的离散逼近算法

本节介绍乘法矩阵与离散逼近问题的联系以及代数中关于矩阵交换的一些基本性质,然后给出二元理想插值的离散逼近算法. 对于二元情况,定义如下微分算子

$$D_x^\alpha D_y^\beta := \frac{1}{\alpha!\ \beta!}\ \frac{\partial^{\alpha+\beta}}{\partial x^\alpha \partial y^\beta}, \alpha, \beta \in \mathbb{N}.$$

首先介绍矩阵论中矩阵非亏损的概念和相关结论,详见文献[67,85].

定义 4.1.1 复数域上的 n 阶矩阵 A 称为非亏损的,如果 A 的所有特征根的几

何重数都为 1.

复数域上的 n 阶矩阵非亏损有下述等价定义:

(1)A 的每个特征值只对应一个 Jordan 块;

(2)A 的特征多项式等于其极小多项式;

(3)A 是循环的(即存在一个循环向量 ν,使得 $[\nu, A\nu, \cdots, A^{n-1}\nu]$ 构成 $\mathbb{C}^n$ 的一组基).

定理 4.1.1 设 A 为给定的 $n+1$ 阶非亏损方阵,矩阵 B 与 A 同阶,则 B 与 A 可交换当且仅当存在一个次数至多为 n 的多项式 p,使得 $B=p(A)$.

下面介绍二元离散逼近问题的相关结论.

对于给定的单点理想插值问题,设插值结点为 $\mathbf{z}$,其对应的理想投影算子为 P. 为简便,本章用 Δ 表示插值条件泛函空间 ran P',用 $I(\Delta)$ 表示 Δ 所确定的理想 ker P.

定理 4.1.2(参见文献[56,68,69]) 假设 Δ 和 M_x, M_y 分别为给定的二元理想插值问题的插值条件泛函空间和乘法矩阵,则下列论述等价:

(1)存在一列 Lagrange 插值问题(插值条件为 $\Delta(t)$)收敛到给定的理想插值问题;

(2)对任意的 $\lambda \in \Delta$,都存在 $\lambda(t) \in \Delta(t)$,使得对所有的 $f \in \mathbb{C}[x,y]$,都有
$$\lambda(t)(f) \to \lambda(f), t \to 0;$$

(3)$(M_x(t), M_y(t)) \to (M_x, M_y), t \to 0$,其中 $M_x(t), M_y(t)$ 为 Lagrange 插值问题对应的乘法矩阵.

上述定理说明理想插值问题的离散不仅等价于插值条件泛函的离散,也等价于相应乘法矩阵的离散. 值得注意的是,乘法矩阵 M_x, M_y 是可交换矩阵,并且其联合谱(joint spectrum)$\sigma(M_x, M_y)$ 恰为相应插值问题的插值节点集 $\mathcal{V}(\ker P)$,详见文献[83].

定理 4.1.3(参见[83]) 二元理想投影算子 P 为 Hermite 投影算子的充要条件是存在一列可同时对角化的算子(矩阵)序列 $(L_1(t), L_2(t))$,使得当 t 趋于 0 时,此

序列收敛到 (M_x, M_y).

定理 4.1.4(参见文献[86,87])　复数域上的两个 n 阶可交换方阵可以表示为一列可同时对角化的两个可交换矩阵的极限.

乘法矩阵相互可交换,故由上述两个定理可知:复数域上的二元理想投影算子均为 Hermite 投影算子. 具体地,de Boor 和 Shekhtman 给出下述结论.

引理 4.1.1(参见文献[70])　设 M_x, M_y 为给定的二元理想插值问题对应的乘法矩阵,则存在可对角化矩阵列 $L_2(t)$ 和一元多项式 $p_t(\cdot), p_t(\cdot)$ 的系数为关于 t 的有理式,使得

$$(p_t(L_1(t)), L_2(t)) \to (M_x, M_y), t \to 0.$$

基于以上准备知识,下面介绍 Shekhtman 提出的二元理想插值的离散逼近算法(参见文献[60,70]).

输入:理想插值问题及其对应的乘法矩阵 M_x, M_y($n+1$ 阶).

输出:离散节点,这些节点对应的 Lagrange 插值问题收敛到原理想插值问题.

步骤 1. 算 M_x 的 Jordan 标准型,

$$M_x = SJS^{-1} = S \cdot \mathrm{diag}(J_{n_1}, \cdots, J_{n_s}) \cdot S^{-1},$$

其中 $J_{n_i} = \mu_i I_{n_i} + N_{n_i}, i = 1, \cdots, s$ 为 Jordan 块. 构造矩阵

$$A(t) := M_y + tS \cdot \mathrm{diag}(\tilde{J}_{n_1}, \cdots, \tilde{J}_{n_s}) \cdot S^{-1},$$

其中 $\tilde{J}_{n_i} = \nu_i I_{n_i} + N_{n_i}, \nu_i$ 按如下规则选取:(1)互不相同;(2)如果 μ_i 互为共轭,则在对应位置上的 ν_i 也互为共轭. 注意,这样的 $A(t)$ 为非亏损矩阵并且当 $t \to 0$ 时,$A(t) \to M_y$.

步骤 2. 求一元复多项式 $p_t(\cdot)$ 满足 $M_x = p_t(A(t))$.

步骤 3. 求可对角化矩阵 $L_2(t)$ 使得 $L_2(t) \to A(t), t \to 0$.

步骤 4. 计算 $L_2(t)$ 的特征值,记为 y_j,输出离散节点集合:

$$\{(p_t(y_j), y_j), j = 1, \cdots, n+1\}.$$

4.2 单点理想投影算子核的 Groebner 基算法

利用线性变换,总可以假设插值节点 $\mathbf{z} = \mathbf{0}$. 类似于第 3 章,对于线性空间 Q,我们总是考虑其在某个单项序 $<$ 下的约化基,记为 $RREForm(Q, <)$. 为得到插值问题对应的乘法矩阵,首先需要计算消逝理想 $I(\Delta) = \ker P$ 的 Groebner 基. 下面以一个算例来说明计算单点理想投影算子核的 Groebner 基算法的思想.

例 4.2.1 设插值条件泛函空间

$$\Delta := \delta_0 \circ \mathrm{span}\{1, D_x, D_x^2 + D_y, D_x^3 + D_x D_y + 2D_y, D_x^4 + D_x^2 D_y + 2D_x D_y + D_y^2 + 3D_y\}.$$

对于任意的函数 f,

$$f(x,y) = f(\mathbf{0}) + \sum_{\alpha+\beta=1}^{\infty} x^\alpha y^\beta D_x^\alpha D_y^\beta f(\mathbf{0}) \in I(\Delta) \tag{4.2.1}$$

的充要条件是

$$\begin{cases} f(\mathbf{0}) = 0, \\ D_x f(\mathbf{0}) = 0, \\ D_x^2 f(\mathbf{0}) = -D_y f(\mathbf{0}), \\ D_x^3 f(\mathbf{0}) = -D_x D_y f(\mathbf{0}) - 2D_y f(\mathbf{0}), \\ D_x^4 f(\mathbf{0}) = -D_x^2 D_y f(\mathbf{0}) - 2D_x D_y f(\mathbf{0}) - D_y^2 f(\mathbf{0}) - 3D_y f(\mathbf{0}). \end{cases} \tag{4.2.2}$$

结合等式(4.2.1)和式(4.2.2)可知,$\forall f \in I$,

$$f(x,y) = 0 + (y - x^2 - 2x^3 - 3x^4) D_y f(\mathbf{0}) +$$

$$(-x^3 - 2x^4 + xy) D_x D_y f(\mathbf{0}) + (y^2 - x^4) D_y^2 f(\mathbf{0}) +$$

$$y^3 D_y^3 f(\mathbf{0}) + (-x^4 + x^2 y) D_x^2 D_y + xy^2 D_x D_y^2 +$$

$$y^4 D_y^4 f(\mathbf{0}) + x^2 y^2 D_x^2 D_y^2 + xy^3 D_x D_y^3 f(\mathbf{0}) + x^3 y D_x^3 D_y f(\mathbf{0}) +$$

次数大于 4 次的单项 $\in I(\Delta)$.

因 f 是任意的并且对所有的 $\alpha, \beta \in \mathbb{N}$, $D_x^\alpha D_y^\beta f(\mathbf{0}) \in \mathbb{C}$,所以

$$\{x^3 - xy + 2y^2, x^2 + 2xy - y^2 - y, x^4 - y^2, y^3, x^2y - y^2, xy^2, y^4, x^2y^2, xy^3, x^3y\} \cup$$

$$\{x^\alpha y^\beta : \alpha + \beta > 4\}.$$

去掉基底中冗余的多项式,即得到理想 $I(\Delta)$ 的约化 Groebner 基(w. r. t. 分次字典序 $<$):

$$G = \{y^3, x^2 + 2xy - y^2 - y, xy^2\}.$$

定义 4.2.1　记集合 $\mathrm{Supp}\{p_1, \cdots, p_n\}$ 表示多项式 $p_1, \cdots, p_n$ 中出现的系数非零的单项全体.

单点理想投影算子核的 Groebner 基算法.

输入:插值条件 $\Delta := \delta_0 \circ \{1, p_1(D), \cdots, p_n(D)\}$,其中 $\{1, p_1, \cdots, p_n\}$ 为关于分次字典序 $<$ 的一组约化基,$p_i := \boldsymbol{x}^{\alpha(i)} + \sum a_\beta^{(i)} \boldsymbol{x}^\beta, \mathrm{LT}(p_i) = \boldsymbol{x}^{\alpha(i)}, \deg(p_1) \leqslant \cdots \leqslant \deg(p_n)$;

输出: $G, I(\Delta)$ 的约化 Groebner 基;

1: // 初始化:

$m := \deg(p_n) + 1, List := \{1, x, y, x^2, xy, y^2, \cdots, x^{m-1}y, y^m\}, G := \varnothing,$

　　$LT := \{\boldsymbol{x}^{\alpha(1)}, \cdots, \boldsymbol{x}^{a(n)}\}, NLT := \mathrm{Supp}\{p_1, \cdots, p_n\} - LT;$

2: **while**　$List \neq \varnothing$ **do**

3:　　$\boldsymbol{x}^\gamma := \min(List, <)$;

4:　　$List := List - \{\boldsymbol{x}^\gamma\}$;

5:　　**if** $\boldsymbol{x}^\gamma \notin LT$ **then**

6:　　　**if** $\boldsymbol{x}^\gamma \in NLT$ **then**

7:　　　　$q_\gamma := \boldsymbol{x}^\gamma - \sum a_\gamma^{(i)} \boldsymbol{x}^{\alpha(i)}$;

8:　　　　$G := G \cup \{q_\gamma\}$;

9:　　　**else**

10:　　　　$G := G \cup \{\boldsymbol{x}^\gamma\}$;

11:　　　　$List := List - \{\boldsymbol{x}^\gamma$ 的倍式$\}$;

12： **end if**

13： **end if**

14： **end while**

15： $G:=RREForr(G,<)$；

16：去掉 G 中领项是其他某个领项倍式的多项式；

17： **return** G；

容易看出上述算法是有限终止的,下面证明其正确性.

定理 4.2.1   算法输出的 G 为理想 $I(\Delta)$ 关于序 $<$ 的约化 Groebner 基.

证明:首先证明算法中第 7 行的 $q_\gamma:=x^\gamma-\sum a_\gamma^{(i)}x^{\alpha(i)}$ 在理想 $I(\Delta)$ 中.

设 $p_{i_1},\cdots,p_{i_s}$ 是 $\{p_1,\cdots,p_n\}$ 中满足 $a_\gamma^{(i_1)}\neq 0,\cdots,a_\gamma^{(i_s)}\neq 0$ 的多项式,则

$$q_\gamma=x^\gamma-a_\gamma^{(i_1)}x^{\alpha(i_1)}-\cdots-a_\gamma^{(i_s)}x^{\alpha(i_s)}.$$

注意

$$D_x^{\alpha_1}D_y^{\alpha_2}(x^{\beta_1}y^{\beta_2})=\begin{cases}1,&(\alpha_1,\alpha_2)=(\beta_1,\beta_2);\\0,&(\alpha_1,\alpha_2)\neq(\beta_1,\beta_2).\end{cases} \qquad (4.2.3)$$

因为基是约化的,所以对于 $k=1,\cdots,s,p_{i_k}=x^{\alpha(i_k)}+a_\gamma^{(i_k)}x^\gamma+\cdots$,并且

$$\mathrm{Supp}\{p_{i_k}\}-\{x^{\alpha(i_k)}\}$$

的单项都不出现在集合 LT 中,从而,

$$p_{i_k}(D)(q_\gamma)(\mathbf{0})=-a_\gamma^{(i_k)}+a_\gamma^{(i_k)}\cdot 1=0.$$

对于 $p\in\{p_1,\cdots,p_n\}-\{p_{i_1},\cdots,p_{i_s}\}$,有 $\mathrm{Supp}(p)\cap\mathrm{Supp}(q_\gamma)=\varnothing$ 成立,所以

$$p(D)(q_\gamma)(\mathbf{0})=0.$$

若 $x^\gamma\notin LT$ 并且 $x^\gamma\notin NLT$,则自然有 $x^\gamma\in I$ 成立.

其次证明算法第 13 行中得到的 G 确实为理想 I 的一组基底. 对于任意的 $f\in I$,因为次数大于 m 的单项总在理想 I 中,所以可以假设 $\deg(f)\leqslant m$. $p_i(D)f(\mathbf{0})=0$ 等价于

$$D_x^{\alpha(i)}f(\mathbf{0})=-\sum_\beta a_\beta^{(i)}D_x^\beta f(\mathbf{0}),i=1,\cdots,n. \qquad (4.2.4)$$

另一方面, f 在原点的 Taylor 展开有限项:

$$f = \sum_{|\alpha|=0}^{N_0} \boldsymbol{x}^\alpha D_x^\alpha f(\mathbf{0}),$$

结合上式和式(4.2.4)可知, f 实际上包含三部分:

$$f = \sum_{\boldsymbol{x}^\gamma \in LT} x^\gamma \cdot 0 + \sum_{\boldsymbol{x}^\gamma \notin LT, \boldsymbol{x}^\gamma \in NLT} q_\gamma \cdot D_x^\gamma f(\mathbf{0}) + \sum_{\boldsymbol{x}^\gamma \notin LT, \boldsymbol{x}^\gamma \notin NLT} \boldsymbol{x}^\gamma \cdot D_x^\gamma f(\mathbf{0}).$$

注意上式右端第二个和第三个和式中出现的 $q_\gamma, \boldsymbol{x}^\gamma$ 恰为我们添加到 I 中的多项式. 因此对于所有的 $f \in I$, f 可以表示为 $q_\gamma, \boldsymbol{x}^\gamma$ 的线性组合. 这证明了算法第 13 行中得到的 G 确实为理想 I 的一组基. 通过计算约化阶梯型即可得到 I 的另一组基底, 即为 I 的一组 Groebner 基.

最后, 去掉基底中冗余的多项式即得到了 I 的约化 Groebner 基. 证毕.

4.3　二元理想插值算法参数计算

利用 4.2 节算法计算中理想 I 的 Groebner 基可以得到 $\mathbb{C}[\boldsymbol{x}]/I$ 的一组单项基, 进而可以计算相应的乘法矩阵 M_x, M_y. 由于 $\dim(P_z) = n+1$, 故 M_x 与 M_y 为 $\mathbb{C}^{(n+1)\times(n+1)}$ 中的矩阵. 因为只需考虑单个点及其对应的插值条件, 所以可以减小离散逼近问题的规模, Shekhtman 的方法将更有效.

不失一般性, 假设插值节点为原点. 因为 M_x 和 M_y 的特征值只有 0, 所以 M_x 的 Jordan 标准型形如:

$$M_x = S \cdot \mathrm{diag}(\mu_1 I_{n_1} + N_{n_1}, \cdots, \mu_s I_{n_s} + N_{n_s}) \cdot S^{-1},$$

其中对所有的 $k=1,\cdots,s, \mu_k=0$. 设

$$A(t) := M_y + tS \cdot \mathrm{diag}(\nu_1 I_{n_1} + N_{n_1}, \cdots, \nu_s I_{n_s} + N_{n_s}) \cdot S^{-1}. \tag{4.3.1}$$

实际上, 只需取 $\nu_k = k-1, k=1,\cdots,s$ 即可.

注意由式(4.3.1)构造的 $A(t)$ 是非亏损矩阵且与 M_x 可交换, 下面寻求满足 $p_t(A(t)) = M_x$ 的一元多项式 $p_t(\cdot)$.

假设 $A(t)$ 有如下 Jordan 标准型

$$J := Q^{-1}A(t)Q = \begin{pmatrix} J_{n_1} & & \\ & \ddots & \\ & & J_{n_s} \end{pmatrix} =: \mathrm{diag}(J_{n_1}, \cdots, J_{n_s}),$$

其中对于 $k=1,\cdots,s, J_{n_k} := \lambda_k I_{n_k} + N_{n_k} \in \mathbb{C}^{(n_k \times n_k)}$ 为 Jordan 块，即

$$J_{n_k} = \begin{pmatrix} \lambda_k & 1 & & \\ & \lambda_k & \ddots & \\ & & \ddots & 1 \\ & & & \lambda_k \end{pmatrix}.$$

对任意的 $i=1,\cdots,n$，容易看出

$$J^i = \mathrm{diag}(J_{n_1}^i, \cdots, J_{n_s}^i),$$

其中 $J_{n_k}^i = (\lambda_k I_{n_k} + N_{n_k})^i = \sum_{j=0}^i \binom{i}{j} \lambda_k^{i-j} N_{n_k}^j$，即

$$J_{n_k}^i = \begin{pmatrix} \lambda_k^i & \binom{i}{1}\lambda_k^{i-1} & \binom{i}{2}\lambda_k^{i-2} & \cdots & \binom{i}{i-1}\lambda_k & 1 \\ & \lambda_k^i & \binom{i}{1}\lambda_k^{i-1} & \cdots & \cdots & \binom{i}{i-1}\lambda_k \\ & & \lambda_k^i & \ddots & & \vdots \\ & & & \ddots & \ddots & \vdots \\ & & & & \ddots & \binom{i}{1}\lambda_k^{i-1} \\ & & & & & \lambda_k^i \end{pmatrix},$$

这里 $\binom{i}{1}, \cdots, \binom{i}{i-1}$ 为二项式系数. 由 $A(t)$ 与 M_x 可交换可知

$$Q^{-1}A(t)Q \cdot Q^{-1}M_x Q = Q^{-1}M_x Q \cdot Q^{-1}A(t)Q,$$

故 $Q^{-1}M_x Q$ 有如下形式：

$$M := Q^{-1} M_x Q = \begin{pmatrix} M_{n_1} & & & \\ & M_{n_2} & & \\ & & \ddots & \\ & & & M_{n_s} \end{pmatrix},$$

其中

$$M_{n_k} = \begin{pmatrix} m_1^{(k)} & m_2^{(k)} & \cdots & m_{n_k}^{(k)} \\ & m_1^{(k)} & \ddots & \vdots \\ & & \ddots & m_2^{(k)} \\ & & & m_1^{(k)} \end{pmatrix}.$$

容易验证

$$p_t(A(t)) = M_x \Leftrightarrow Q^{-1} p_t(A(t)) Q = Q^{-1} M_x Q \Leftrightarrow p_t(J) = M,$$

且最后一个式子包含 $n_1 + \cdots + n_s = n + 1$ 个等式, 这意味着 p_t 确实为 n 次多项式. 现假设

$$p_t(u) = a_0(t) + a_1(t) u + \cdots + a_n(t) u^n,$$

其中 $a_0(t), \cdots, a_n(t)$ 是与 t 有关的待定系数.

由 $p_t(J) = M$ 可知对于 $k = 1, \cdots, s$ 有 $M_{n_k} = \sum\limits_{i=0}^{n} a_i(t) J_{n_k}^i$ 成立, 这等价于

$$\begin{pmatrix} m_1^{(k)} \\ m_2^{(k)} \\ \vdots \\ m_{n_k}^{(k)} \end{pmatrix} = \begin{pmatrix} 1 & \lambda_k & \cdots & & \lambda_k^n \\ 0 & 1 & \cdots & & \binom{n}{1} \lambda_k^{n-1} \\ \vdots & \vdots & & & \vdots \\ 0 & 0 & \cdots & & \binom{n}{n_k-1} \lambda_k^{n-n_k+1} \end{pmatrix} \begin{pmatrix} a_0(t) \\ a_1(t) \\ \vdots \\ a_n(t) \end{pmatrix}.$$

综合上述等式, 可得方程组

$$
\begin{pmatrix} m_1^{(1)} \\ m_2^{(1)} \\ \vdots \\ m_{n_1}^{(1)} \\ \vdots \\ m_1^{(s)} \\ m_2^{(s)} \\ \vdots \\ m_{n_s}^{(s)} \end{pmatrix} = \begin{pmatrix} 1 & \lambda_1 & \cdots & \lambda_1^n \\ 0 & 1 & \cdots & \binom{n}{1}\lambda_1^{n-1} \\ \vdots & \vdots & & \vdots \\ 0 & 0 & \cdots & \binom{n}{n_1-1}\lambda_1^{n-n_1+1} \\ \vdots & \vdots & & \vdots \\ 1 & \lambda_s & \cdots & \lambda_s^n \\ 0 & 1 & \cdots & \binom{n}{1}\lambda_s^{n-1} \\ \vdots & \vdots & & \vdots \\ 0 & 0 & \cdots & \binom{n}{n_s-1}\lambda_s^{n-n_s+1} \end{pmatrix} \begin{pmatrix} a_0(t) \\ a_1(t) \\ \vdots \\ a_n(t) \end{pmatrix}. \tag{4.3.2}
$$

式(4.3.2)的系数矩阵恰为合流范德蒙矩阵,该矩阵的行列式等于

$$
\prod_{l=1}^{s} \prod_{s \geq k > l \geq 1} (\lambda_k - \lambda_l)^{n_k n_l} =: \Lambda(t).
$$

注意式中的某些元素 $m_j^{(k)}$ 可能是关于 t 的有理函数. 由 Cramer 法则,有下述结论.

定理 4.3.1　利用以上记号,$p_t(\,\cdot\,)$ 的系数形如

$$
a_0(t) = \frac{\widetilde{a}_0(t)}{\Lambda(t)}, \cdots, a_n(t) = \frac{\widetilde{a}_n(t)}{\Lambda(t)},
$$

其中每个 $\widetilde{a}_i(t)$,$i=0,\cdots,n$,均为关于 t 的有理函数.

Cramer 法则在实际计算中效率较低,下面算法利用一元有理插值方法计算 $\widetilde{a}_i(t)$.

计算 $a_i(t)$ 的一元有理插值法.

输入:矩阵 J,M,系统 $(4.3.2)$;

输出:系统 $(4.3.2)$ 的解;

1： //初始化:

$(a_0(t),\cdots,a_n(t)) := (0,\cdots,0),(\widetilde{a}_0(t),\cdots,\widetilde{a}_n(t)) := (0,\cdots,0),$

$\mathcal{N} := \{0,\cdots,n\}, t_0 := 1,(a_0(1),\cdots,a_n(1)) := Solve(5.3.2),t=1),$

$(\widetilde{a}_{0,1}(t),\cdots,\widetilde{a}_{n,1}(t)) := (a_0(1),\cdots,a_n(1)) \cdot \Lambda(1);$

2： **while** $\mathcal{N} \neq \varnothing$ **do**

3：　$t_0 := t_0 + 1;$

4：　$(a_0(t_0),\cdots,a_n(t_0)) := Sotve((5.3.2),t=t_0);$

5：　$(\widetilde{a}_0(t_0),\cdots,\widetilde{a}_n(t_0)) := (a_0(t_0),\cdots,a_n(t_0)) \cdot \Lambda(t_0);$

6：　**for** $i \in \mathcal{N}$ **do**

7：　　$\widetilde{a}_{i,t_0}(t) := RationalInterpolation([[u,\widetilde{a}_i(u)],u=1,\cdots,t_0],t);$　.

8：　　**if** $\widetilde{a}_{i,t_0}(t) = \widetilde{a}_{i,t_0-1}(t)$ **then**

9：　　　$\widetilde{a}_i(t) := \widetilde{a}_{i,t_0}(t);$

10：　　　$\mathcal{N} := \mathcal{N} - \{i\};$

11：　　**end if**

12：　**end for**

13： **end while**

14： $(a_0(t),\cdots,a_n(t)) := (\widetilde{a}_0(t),\cdots,\widetilde{a}_n(t))/\Lambda(t);$

15： **if** $a_0(t)I + a_1(t)J + \cdots + a_n(t)J^n = M$ **then**

16：　**return** $a_0(t),\cdots,a_n(t);$

17： **else**

18：　**return** FALSE;

19： **end if**

在上述算法中,语句 $Solve((4.3.2),t=t_0)$ 表示令 $t=t_0$ 时解常系数线性方程组;

$RationalInterpolation([[u,\widetilde{a}_i(u)],u=1,\cdots,t_0],t)$ 是 Maple 中的命令,可以计算 t_0 个插值节点上的一元有理插值函数.

注 4.3.1 计算 $a_i(t)$ 的一元有理插值算法概率 1 的可以输出方程的解. 如果算法返回 FALSE,则可以通过增加节点个数重新计算 $\widetilde{a}_i(t)$. 利用该算法第 15 行的判定条件,总可以计算出系统(4.3.2)的解.

本节最后给出解决二元离散逼近问题中 $L_2(t)$ 的计算方法. 因为 $A(t)$ 有 Jordan 标准型

$$A(t)=QJQ^{-1}=Q\cdot\mathrm{diag}(J_{n_1},\cdots,J_{n_s})\cdot Q^{-1},$$

令

$$L_2(t,h):=Q[J+\mathrm{diag}(\varepsilon_1^{(n_1)}(h),\cdots,\varepsilon_{n_1}^{(n_1)}(h),\cdots,\varepsilon_1^{(n_s)}(h),\cdots,\varepsilon_{n_s}^{(n_s)}(h))]Q^{-1},$$

其中对 $k=1,\cdots,s$,当 $i\neq j$ 时,$\varepsilon_i^{(n_k)}(h)\neq\varepsilon_j^{(n_k)}(h)$. 因此对任意固定的 t,当 h 趋于零时,$L_2(t,h)$ 为收敛到 $A(t)$ 的可对角化矩阵. 因这里还要求

$$p_t(L_2(t,h))\rightarrow M_x,h\rightarrow0,t\rightarrow0,$$

所以 h 与 t 之间有限制条件,故在本书中将 $L_2(t,h)$ 简记为 $L_2(t)$,见例 4.4.1.

4.4 二元离散逼近问题算例

本节给出二元理想插值离散逼近问题的一个完整算例.

例 4.4.1 设 $\Delta=\delta_0\circ\mathrm{span}\{1,D_x,D_y,D_x^2+D_y^2\}$,由 4.2 节给出的算法可以计算 $I(\Delta)$ 的约化 Groebner 基 $G=\{x^2-y^2,xy,y^3\}$. 将理想 $I(\Delta)$ 的单项基按顺序排列 $\{1,y,x,y^2\}$,可以得到乘法矩阵及相应的 Jordan 标准型:

$$M_x = \begin{pmatrix} 0 & 0 & 1 & 0 \\ 0 & 0 & 0 & 0 \\ 0 & 0 & 0 & 1 \\ 0 & 0 & 0 & 0 \end{pmatrix} = Q_1 \begin{pmatrix} 0 & 1 & 0 & 0 \\ 0 & 0 & 1 & 0 \\ 0 & 0 & 0 & 0 \\ 0 & 0 & 0 & 0 \end{pmatrix} Q_1^{-1},$$

$$M_y = \begin{pmatrix} 0 & 1 & 0 & 0 \\ 0 & 0 & 0 & 1 \\ 0 & 0 & 0 & 0 \\ 0 & 0 & 0 & 0 \end{pmatrix} = Q_2 \begin{pmatrix} 0 & 1 & 0 & 0 \\ 0 & 0 & 1 & 0 \\ 0 & 0 & 0 & 0 \\ 0 & 0 & 0 & 0 \end{pmatrix} Q_2^{-1},$$

其中

$$Q_1 = \begin{pmatrix} 1 & 0 & 0 & 0 \\ 0 & 0 & 1 & 1 \\ 0 & 1 & 0 & 0 \\ 0 & 0 & 1 & 0 \end{pmatrix}, Q_2 = \begin{pmatrix} 1 & 0 & 0 & 0 \\ 0 & 1 & 0 & 0 \\ 0 & 0 & 1 & 1 \\ 0 & 0 & 1 & 0 \end{pmatrix}.$$

因为 x 与 y 在 Δ 中是对称的，自然地

$$\mathrm{JordanForm}(M_x) = \mathrm{JordanForm}(M_y).$$

令

$$A(t) := M_y + t Q_1 \begin{pmatrix} 0 & 1 & 0 & 0 \\ 0 & 0 & 1 & 0 \\ 0 & 0 & 0 & 0 \\ 0 & 0 & 0 & 1 \end{pmatrix} Q_1^{-1} = \begin{pmatrix} 0 & 1 & t & 0 \\ 0 & t & 0 & 1-t \\ 0 & 0 & 0 & t \\ 0 & 0 & 0 & 0 \end{pmatrix},$$

$$J := Q^{-1} A(t) Q = \begin{pmatrix} 0 & 1 & 0 & 0 \\ 0 & 0 & 1 & 0 \\ 0 & 0 & 0 & 0 \\ 0 & 0 & 0 & t \end{pmatrix},$$

$$Q := \begin{pmatrix} t^2 & t & 1 & -1 \\ 0 & 0 & (t-1)/t & -t \\ 0 & t & (t^2+1-t)/t^2 & 0 \\ 0 & 0 & 1 & 0 \end{pmatrix},$$

$$M := Q^{-1}M_xQ = \begin{pmatrix} 0 & 1/t & (1-t)/t^4 & 0 \\ 0 & 0 & 1/t & 0 \\ 0 & 0 & 0 & 0 \\ 0 & 0 & 0 & 0 \end{pmatrix},$$

其中 $A(t)$ 有两个不同的特征值,0 和 t. J 为 $A(t)$ 的 Jordan 标准型. 因此可得如下系统:

$$\begin{pmatrix} 0 \\ 1/t \\ (1-t)/t^4 \\ 0 \end{pmatrix} = \begin{pmatrix} 1 & 0 & 0 & 0 \\ 0 & 1 & 0 & 0 \\ 0 & 0 & 1 & 0 \\ 1 & t & t^2 & t^3 \end{pmatrix} \begin{pmatrix} a_0(t) \\ a_1(t) \\ a_2(t) \\ a_3(t) \end{pmatrix}, \tag{4.4.1}$$

其中方程组的解满足

$$a_0(t)I + a_1(t)J + a_2(t)J^2 + a_3(t)J^3 = M. \tag{4.4.2}$$

注意 $\Lambda(t) = t^3$,下面利用上节给出的一元有理插值算法来计算 $a_0(t), \cdots, a_3(t)$. 特定化 $t = t_0$,可以得到系统 $(4.4.1)$ 的解和 $\tilde{a}_i(t_0)$. 具体计算过程有如下表格:

	$\tilde{a}_0(t_0)$	$\tilde{a}_1(t_0)$	$\tilde{a}_2(t_0)$	$\tilde{a}_3(t_0)$
$t_0 = 1$	0	1	0	-1
$t_0 = 2$	0	4	$-1/2$	$-3/4$
$t_0 = 3$	0	9	$-2/3$	$-7/9$
$t_0 = 4$	0	16	$-3/4$	$-13/16$
$t_0 = 5$	0	25	$-4/5$	$-21/25$
$t_0 = 6$	0	36	$-5/6$	$-31/36$

容易看出 $\widetilde{a}_0(t) = 0$. 利用 Maple,可以算得

$$\widetilde{a}_{1,2}(t) := RationalInterpolation([[1,1],[2,4]], t) = t^2,$$

$$\widetilde{a}_{1,3}(t) := RationalInterpolation([[1,1],[2,4],[3,9]], t) = t^2,$$

因此 $\widetilde{a}_1(t) = t^2$. 用同样的方法可算得 $\widetilde{a}_2(t) = (1-t)/t$. 对于 $\widetilde{a}_3(t)$,需要计算

$$\widetilde{a}_{3,2}(t) := RationalInterpolation([[t_0, \widetilde{a}_3(t_0)], t_0 = 1, \cdots, 2], t) = \frac{-3}{2+t},$$

$$\widetilde{a}_{3,3}(t) := RationalInterpolation([[t_0, \widetilde{a}_3(t_0)], t_0 = 1, \cdots, 3], t) = \frac{5-4t}{5t-6},$$

$$\widetilde{a}_{3,4}(t) := RationalInterpolation([[t_0, \widetilde{a}_3(t_0)], t_0 = 1, \cdots, 4], t) = \frac{17t-16}{24-26t+t^2},$$

$$\widetilde{a}_{3,5}(t) := RationalInterpolation([[t_0, \widetilde{a}_3(t_0)], t_0 = 1, \cdots, 5], t) = \frac{-1+t-t^2}{t^2},$$

$$\widetilde{a}_{3,6}(t) := RationalInterpolation([[t_0, \widetilde{a}_3(t_0)], t_0 = 1, \cdots, 6], t) = \frac{-1+t-t^2}{t^2},$$

因此 $\widetilde{a}_3(t) = (-1+t-t^2)/t^2$. 从而,

$$p_t(u) = \frac{1}{t}u + \frac{-t+1}{t^4}u^2 + \frac{-t^2+t-1}{t^5}u^3. \tag{4.4.3}$$

容易验证上式给出的系数 $a_0(t), \cdots, a_3(t)$ 满足式(4.4.2).

令

$$L_2(t) := Q \begin{pmatrix} 0 & 1 & 0 & 0 \\ 0 & h & 1 & 0 \\ 0 & 0 & 2h & 0 \\ 0 & 0 & 0 & t \end{pmatrix} Q^{-1}, \tag{4.4.4}$$

其中 $h \neq 2h \neq t \neq 0$,即 $L_2(t)$ 有四个不同的特征值 $0, h, 2h, t$. 通过验证

$$p_t(L_2(t)) \to M_x$$

可知 t 与 h 需要满足

$$h = O(t^6).$$

令 $h = t^6$ 即可以得到离散节点集合:

$$\mathcal{T} = \{(0,0),(0,t),(p_t(t^6),t^6),(p_t(2t^6),2t^6)\}.$$

上述点集满足

$$\lim_{t \to 0} \text{span}\{\delta_z : z \in \mathcal{T}\} = \delta_0 \circ \text{span}\{1,D_x,D_y,D_x^2 + D_y^2\}.$$

其中 p_t 由式(4.4.3)定义.

4.5　宽度为 1 的二元离散逼近问题

　　宽度为 1 的微分闭子空间是一类重要的闭子空间,它的结构特性对研究理想插值问题以及 0 维多项式系统求解问题都有重要意义,本书将在下一章分析其一般的形式表示.本节考虑二元情况的宽度为 1 的闭子空间,其形式如下:

$$
\begin{aligned}
\text{span}\{&1, D_x, D_x^2 + a_2 D_y, \\
&D_x^3 + a_2 D_x D_y + a_3 D_y, \\
&D_x^4 + a_2 D_x^2 D_y + a_3 D_x D_y + a_2^2 D_y^2 + a_4 D_y, \\
&\cdots \\
&D_x^n + \cdots + a_n D_y\},
\end{aligned}
\tag{4.5.1}
$$

这里 $a_2,\cdots,a_n$ 为自由参数. 记上述空间为 $\mathcal{L}_n(D)$. 下面基于 Shekhtman 理论来解决 $\delta_{(0,0)} \circ \mathcal{L}_n(D)$ 的离散逼近问题.

　　设 I_n 为由 $\delta_{(0,0)} \circ \mathcal{L}_n(D)$ 确定的理想,M_x,M_y 为相应的乘法矩阵,下述结论可以由文献[56,67]中得到,这里给出相应的证明.

　　引理 4.5.1　M_x 为非亏损矩阵.

　　证明:由 $\mathcal{L}_n(D)$ 的结构可知,

$$\{1,[x],\cdots,[x^n]\}$$

构成商环 $\mathbb{C}[x,y]/I_n$ 的一组基底. 因此存在一元多项式 $q_1(x),q_2(x)$,且

$$\deg(q_1) \leqslant n, \deg(q_2) \leqslant n,$$

使得

$$\langle x^{n+1} - q_1(x), y - q_2(x) \rangle$$

为 I_n 的一组 Groebner 基. 由于

$$y - q_2(x) \in I_n \Leftrightarrow M_{y-q_2(x)} = 0 \Leftrightarrow M_y = M_{q_2(x)} \Leftrightarrow M_y = q_2(M_x), \quad (4.5.2)$$

并且与 (M_x, M_y) 可交换的算子由 (M_x, M_y) 生成, 因此由 M_x 生成. 这说明与 M_x 可交换的算子可以表示为关于 M_x 的多项式, 从而 M_x 为非亏损矩阵. 证毕.

定理 4.5.1 $M_y = q_2(M_x)$, 其中 $q_2(u) = a_2 u^2 + \cdots + a_n u^n \in \mathbb{C}[u]$.

证明: 根据式 (4.5.2), 只需证

$$y - (a_2 x^2 + \cdots + a_n x^n) \in I_n.$$

再由式 (4.2.3), 容易验证 $\delta_{(0,0)} \circ \mathcal{L}_n(D)$ 中的每个泛函作用在 $y - (a_2 x^2 + \cdots + a_n x^n)$ 上均为零. 证毕.

推论 4.5.1 利用以上记号,

$$\{(ih, q_2(ih)), i = 0, \cdots, n\}$$

构成空间 $\delta_{(0,0)} \circ \mathcal{L}_n(D)$ 的一组离散节点集.

证明: 因 M_x 非亏损并且 0 是 M_x 唯一的特征值, 所以存在特征值为 $0, h, \cdots, nh$ 的可对角矩阵 L_h 使得当 h 趋于零时, $L_h \rightarrow M_x$. 即有

$$(L_h, q_2(L_h)) \rightarrow (M_x, M_y), h \rightarrow 0.$$

证毕.

第 **5** 章
宽度为 1 的微分闭子空间的离散逼近问题

本章介绍了宽度为 1 的微分闭子空间的离散逼近问题. 首先针对该类空间已有的结构研究得到其等价表示, 然后利用这种等价表示给出此类微分闭子空间的两组离散节点, 从而证明其对应的理想投影算子为 Hermite 投影算子.

5.1 两类微分闭子空间

首先引入概念(参见文献[88]):

定义 5.1.1 微分闭子空间 $\mathcal{L}$ 的一个基 $l_1, \cdots, l_{\dim(L)}$ 称为一个连续排列, 如果对任意的 $r \geqslant 1$, 存在 $j \geqslant 1$ 使得

$$\mathrm{span}\{h \in \mathcal{L} \mid h \text{ 的次数} \leqslant r\} = \mathrm{span}\{l_1, \cdots, l_j\}.$$

微分闭子空间的宽度定义为其基底中出现的一次多项式的个数. 由于基底选取不同, 这个数可能不唯一, 选其中最大者作为此空间的宽度. 也就是说, 一个微分闭子空间的连续排列基中一次多项式的个数即为此空间的宽度. 宽度为 1 的微分闭子空间是由 Dayton 和 Zeng 在文献[89,90]中提出的, 李楠和支丽红给出了此空间基底

中每个多项式的迭代公式,参见文献[91]. 李喆等在文献[92]中提出了另一类微分闭子空间. 我们发现,李喆等提出的这类微分闭子空间是宽度为 1 的微分闭子空间的另外一种描述.

定义 $F[\boldsymbol{x}]$ 上的算子 Ψ_j:

$$\Psi_j(\boldsymbol{x}^{\alpha}) := \frac{1}{\alpha_j+1} x_1^{\alpha_1} \cdots x_j^{\alpha_j+1} \cdots x_d^{\alpha_d}, j=1,\cdots,d.$$

下述定理给出了宽度为 1 的微分闭子空间的结构,参见文献[91]:

定理 5.1.1　设 $\mathcal{L}_n := \mathrm{span}\{L_0,L_1,\cdots,L_n\}$ 为宽度为 1 的微分闭子空间,其中 $L_0 = 1, L_1 = x_1$,则 k 次多项式 $L_k, k=2,\cdots,n$,有如下迭代公式:

$$L_k = V_k + a_{k,2}x_2 + \cdots + a_{k,d}x_d, \tag{5.1.1}$$

V_k 中不含自由参数,并且由已经算得的 $\{L_1,\cdots,L_{k-1}\}$ 通过下述公式计算得到:

$$V_k = \Psi_1(M_1) + \Psi_2((M_2)_{i_1=0}) + \cdots + \Psi_d((M_d)_{i_1=i_2=\cdots=i_{d-1}=0}),$$

其中

$$M_1 = L_{k-1}, M_j = a_{2,j}L_{k-2} + \cdots + a_{k-1,j}L_1, 2 \leqslant j \leqslant d,$$

这里 $i_1 = i_2 = \cdots = i_{j-1} = 0$ 是指只取那些不含未定元 $x_1,\cdots,x_{j-1}$ 的项,并且 $a_{i,j} \in F$ 是已经出现在 L_i 中的参数,$2 \leqslant i \leqslant k-1, 2 \leqslant j \leqslant d$.

注意,微分闭子空间中一定含有 1,并且通过适当的线性坐标变换可以将线性多项式 L_1 变为 x_1,因此定理 5.1.1 的假设是合理的. 每个宽度为 1 的微分闭子空间都可以通过特定化参数 $a_{i,j}$ 得到. 例如,对于 $d=2$,

$$L_1 = x_1;$$

$$L_2 = \frac{1}{2!}x_1^2 + a_{2,2}x_2;$$

$$L_3 = \frac{1}{3!}x_1^3 + a_{2,2}x_1x_2 + a_{3,2}x_2;$$

$$L_4 = \frac{1}{4!}x_1^4 + \frac{1}{2!}a_{2,2}x_1^2x_2 + a_{3,2}x_1x_2 + \frac{1}{2!}a_{2,2}^2x_2^2 + a_{4,2}x_2;$$

$\cdots$

下面介绍由李喆等引入的另一类微分闭子空间,参见文献[92]. 首先需要以下记号. 设 $b = (b_1, b_2, \cdots, b_n) \in \mathbb{N}^n, n \geq 2$ 满足

$$b_1 = 1, b_n > \cdots > b_2 \geq 2,$$

向量 $\mathbf{c}_1 = (c_{1,1}, c_{1,2}, \cdots, c_{1,n}), \cdots, \mathbf{c}_d = (c_{d,1}, c_{d,2}, \cdots, c_{d,n}) \in F^n$, 其中 $c_{1,1}, \cdots, c_{d,1}$ 不全为零. 构造映射 $\tau : (\mathbb{N}^n)^d \to \mathbb{N}$,

$$\tau(\boldsymbol{\gamma}_1, \cdots, \boldsymbol{\gamma}_d) = \sum_{j=1}^{n} b_j \sum_{i=1}^{d} \gamma_{i,j},$$

其中 $\boldsymbol{\gamma}_i = (\gamma_{i,1}, \gamma_{i,2}, \cdots, \gamma_{i,n}) \in \mathbb{N}^n, i = 1, \cdots, d$. 下述定理给出了另一类微分闭子空间的表示, 参见文献[92].

定理 5.1.2 设 $\boldsymbol{b} = (1, b_2, \cdots, b_n), \mathbf{c}_i = (c_{i,1}, c_{i,2}, \cdots, c_{i,n}), i = 1, \cdots, d$, 映射 τ 如上定义. 令 $q_{n,m}$ 为如下定义的多项式:

$$q_{n,m} = \sum_{\tau(\boldsymbol{\gamma}_1, \cdots, \boldsymbol{\gamma}_d) = m} \frac{c_1^{\boldsymbol{\gamma}_1} \cdots c_d^{\boldsymbol{\gamma}_d}}{\boldsymbol{\gamma}_1 ! \cdots \boldsymbol{\gamma}_d !} x_1^{|\boldsymbol{\gamma}_1|} \cdots x_d^{|\boldsymbol{\gamma}_d|}, m = 0, 1, \cdots, b_n, \qquad (5.1.2)$$

其中

$$\boldsymbol{\gamma}_i = (\gamma_{i,1}, \gamma_{i,2}, \cdots, \gamma_{i,n}) \in \mathbb{N}^n, \mathbf{c}_i^{\boldsymbol{\gamma}_i} = \prod_{j=1}^{n} c_{i,j}^{\gamma_{i,j}},$$

则线性空间

$$Q = \operatorname{span}\{q_{n,m} : m = 0, 1, \cdots, b_n\}$$

是 $(b_n + 1)$ 维微分闭子空间.

5.2　宽度为 1 微分闭子空间的等价表示

本节将证明 5.1 节介绍的两类微分闭子空间的等价性.

引理 5.2.1 定理 5.1.2 中给出的微分闭子空间 Q 是宽度为 1 的.

证明: 由 $q_{n,m}$ 的构造和 $b_1 = 1$ 可知, 对于 $m = 1, \cdots, b_n, \deg(q_{n,m}) = m$. 这说明 Q 的基底中只含有一个线性多项式, 故结论成立.

记 $q_{n,m}^*$ 表示特定化 $q_{n,m}$ 中的参数

$$\boldsymbol{b} = (b_1, b_2, \cdots, b_n) = (1, \cdots, n),$$

$$\boldsymbol{c}_1 = (c_{1,1}, c_{1,2}, \cdots, c_{1,n}) = (1, 0, \cdots, 0),$$

$$\boldsymbol{c}_s = (c_{s,1}, c_{s,2}, \cdots, c_{s,n}) = (0, a_{2,s}, a_{3,s}, \cdots, a_{n,s}), s = 2, \cdots, d,$$

得到的多项式,其中 $a_{i,s}, i = 2, \cdots, n, s = 2, \cdots, d$,为式(5.1.1)中的参数. 本书中定义 $0^0 = 1$. 因 $c_{1,2} = \cdots = c_{1,n} = 0, c_{2,1} = \cdots = c_{d,1} = 0$,所以 $\gamma_{1,2}, \cdots, \gamma_{1,n}, \gamma_{2,1}, \cdots, \gamma_{d,1}$ 一定为零,否则 $q_{n,m}$ 中相应的单项为零. 因此

$$q_{n,m}^* = \sum_{\tau(\gamma_1, \cdots, \gamma_d) = m} \frac{c_{1,1}^{\gamma_{1,1}} c_{2,2}^{\gamma_{2,2}} \cdots c_{2,n}^{\gamma_{2,n}} \cdots c_{d,2}^{\gamma_{d,2}} \cdots c_{d,n}^{\gamma_{d,n}}}{\gamma_{1,1}! \ \gamma_{2,2}! \ \cdots \gamma_{2,n}! \ \cdots \gamma_{d,2}! \ \cdots \gamma_{d,n}!} x_1^{|\gamma_1|} \cdots x_d^{|\gamma_d|}$$

$$= \sum_{\tau(\gamma_1, \cdots, \gamma_d) = m} \frac{1^{\gamma_{1,1}} a_{2,2}^{\gamma_{2,2}} \cdots a_{n,2}^{\gamma_{2,n}} \cdots a_{2,d}^{\gamma_{d,2}} \cdots a_{n,d}^{\gamma_{d,n}}}{\gamma_{1,1}! \ \gamma_{2,2}! \ \cdots \gamma_{2,n}! \ \cdots \gamma_{d,2}! \ \cdots \gamma_{d,n}!} x_1^{|\gamma_1|} \cdots x_d^{|\gamma_d|},$$

其中

$$\tau(\gamma_1, \cdots, \gamma_d) = \gamma_{1,1} + 2(\gamma_{2,2} + \cdots + \gamma_{d,2}) + \cdots + n(\gamma_{2,n} + \cdots + \gamma_{d,n}).$$

$$(5.2.1)$$

对于 $d = 2$,容易验证:

$$q_{n,0}^* = 1;$$

$$q_{n,1}^* = x_1;$$

$$q_{n,2}^* = \frac{1}{2!} x_1^2 + a_{2,2} x_2;$$

$$q_{n,3}^* = \frac{1}{3!} x_1^3 + a_{2,2} x_1 x_2 + a_{3,2} x_2;$$

$$q_{n,4}^* = \frac{1}{4!} x_1^4 + \frac{1}{2!} a_{2,2} x_1^2 x_2 + \frac{1}{2!} a_{2,2}^2 x_2^2 + a_{3,2} x_1 x_2 + a_{4,2} x_2;$$

所以 $d = 2$ 时,$q_{n,i}^* = L_i, i = 1, \cdots, 4$. 更一般地,有下述结论.

命题 5.2.1　利用以上记号,对任意给定的 $n \geq 0$,

$$q_{n,m}^* = L_m, m = 0, \cdots, n.$$

$$(5.2.2)$$

证明:对 m 用数学归纳法. 由前面的讨论可知 $q_{n,0}^* = L_0, q_{n,1}^* = L_1$. 假设命题对于所有的 $m \leq n-1$ 成立. 由参考文献[91]中的引理 3.4 和定理 3.1 可知

$$\frac{\partial L_n}{\partial x_1} = L_{n-1};$$

$$\frac{\partial L_n}{\partial x_j} = a_{2,j}L_{n-2} + \cdots + a_{n,j}L_0, 2 \leq j \leq d.$$

由文献[92]中的命题 4.1 的证明可知,对任意的 $n \geq 2$,

$$\frac{\partial q_{n,n}^*}{\partial x_1} = c_{1,1}q_{n,n-1}^* + \sum_{i=2}^{n} c_{1,i}q_{n,n-i}^* = q_{n,n-1}^*;$$

$$\frac{\partial q_{n,n}^*}{\partial x_j} = c_{j,1}q_{n,n-1}^* + \sum_{i=2}^{n} c_{j,i}q_{n,n-i}^* = a_{2,j}q_{n,n-2}^* + \cdots + a_{n,j}q_{n,0}^*, 2 \leq j \leq d.$$

最后利用归纳假设 $q_{n,m}^* = L_m, 0 \leq m \leq n-1$,可知

$$\frac{\partial q_{n,n}^*}{\partial x_j} = \frac{\partial L_n}{\partial x_j}, 1 \leq j \leq d.$$

注意 $q_{n,n}^*$ 和 L_n 都不含常数项,因此 $q_{n,n}^* = L_n$. 证毕.

定理 5.2.1 定理 5.1.2 给出的空间 $Q = \mathrm{span}\{q_{n,m} : m = 0,1,\cdots,b_n\}$ 与宽度为 1 的闭子空间

$$L_{b_n} = \mathrm{span}\{L_0, L_1, \cdots, L_{b_n}\}$$

在线性变换的意义下是等价的.

证明:根据引理 5.2.1,在线性变换的意义下有 $Q \subset \mathrm{span}\{L_0, L_1, \cdots, L_{b_n}\}$ 成立. 再由命题 5.2.1 可知,L_m 可以通过特定化 $q_{n,m}$ 中的参数得到,因此反包含关系成立. 证毕.

由上述定理,可以直接得到下面的结论.

推论 5.2.1 定理 5.1.1 中的 $L_k, k = 0, \cdots, n$,有以下明确表达式:

$$L_k = \sum_{\tau(\gamma_1, \cdots, \gamma_d) = k} \frac{1^{\gamma_{1,1}} a_{2,2}^{\gamma_{2,2}} \cdots a_{n,2}^{\gamma_{2,n}} \cdots a_{2,d}^{\gamma_{d,2}} \cdots a_{n,d}^{\gamma_{d,n}}}{\gamma_{1,1}! \ \gamma_{2,2}! \ \cdots \gamma_{2,n}! \ \cdots \gamma_{d,2}! \ \cdots \gamma_{d,n}!} x_1^{|\gamma_1|} \cdots x_d^{|\gamma_d|},$$

其中 τ 由式(5.2.1)定义.

如果将 $L_0, L_1, \cdots, L_n$ 看成一个函数列,则定理 5.1.1 给出了这个函数列的递推公式,而上述推论给出了这个函数列的通项公式.

5.3　宽度为 1 微分闭子空间的离散逼近问题

本节将给出宽度为 1 的微分闭子空间 span$\{L_0, L_1, \cdots, L_n\}$ 的两组离散节点,即说明插值条件泛函空间形如 span$\{\delta_z \circ \mathcal{L}_0(D), \cdots, \delta_z \circ \mathcal{L}_n(D)\}$ 的插值问题为 Lagrange 插值问题的极限. 相应的,其对应的理想投影算子为 Hermite 投影算子. 下述引理在文献[93]中已被证明过,这里给出一个基于线性代数的证明.

引理 5.3.1　对于任意的非负整数 j 和 m,

$$\sum_{i=0}^{m} (-1)^{m-i} \frac{1}{i!(m-i)!} i^j = \begin{cases} 1, & j = m; \\ 0, & 0 \leq j < m. \end{cases}$$

证明:考虑以下线性方程组:

$$\begin{pmatrix} 0^0 & 1^0 & \cdots & m^0 \\ 0^1 & 1^1 & \cdots & m^1 \\ \vdots & \vdots & & \vdots \\ 0^m & 1^m & \cdots & m^m \end{pmatrix} \begin{pmatrix} y_0 \\ y_1 \\ \vdots \\ y_m \end{pmatrix} = \begin{pmatrix} 0 \\ \vdots \\ 0 \\ 1 \end{pmatrix},$$

由 Cramer 法则可知

$$y_i = \frac{(-1)^{m-i}}{i!(m-i)!}, i = 0, \cdots, m,$$

因此结论成立.

去掉上述引理证明中系数矩阵中的第一行和第一列,可得如下结论.

引理 5.3.2　设 j, m 为非负整数,$1 \leq j \leq m$,则

$$\sum_{i=1}^{m} (-1)^{m-i} \frac{1}{i!(m-i)!} i^j = \begin{cases} 1, & j = m; \\ 0, & 1 \leq j < m. \end{cases}$$

为简便,对任意固定的 $m > 0$,定义

$$A_k^{(m)} := (-1)^{m-k} \frac{1}{k!(m-k)!}, k = 0, \cdots, m.$$

定理 5.3.1 设 $\mathbf{z}_0$ 为插值节点，$\mathcal{L}_n$ 为定理 5.1.1 中给出的宽度为 1 的微分闭子空间. 定义

$$\mathbf{z}_i(h) := \mathbf{z}_0 + \Big(ih, \sum_{j=2}^n a_{j,2}(ih)^j, \cdots, \sum_{j=2}^n a_{j,d}(ih)^j \Big), i = 0, \cdots, n, \quad (5.3.1)$$

则对任意在 $\mathbf{z}_0$ 点解析的函数 f，

$$(L_m(D)f)(\mathbf{z}_0) = \lim_{h \to 0} \frac{1}{h^m} \Big(\sum_{r=0}^m A_r^{(m)} f(\mathbf{z}_r(h)) \Big), m = 0, \cdots, n.$$

即是说，式(5.3.1)定义的点为满足

$$\lim_{h \to 0} \operatorname{span}\{\delta_{\mathbf{z}_i(h)}, i = 0, \cdots, n\} = \operatorname{span}\{\delta_{\mathbf{z}_0} \circ \mathcal{L}_0(D), \cdots, \delta_{\mathbf{z}_0} \circ \mathcal{L}_n(D)\} \quad (5.3.2)$$

的离散节点.

证明：由 Taylor 级数和 τ 的定义可知

$$f(\mathbf{z}_i(h)) = \sum_{\Gamma=0}^\infty \Big(ih \frac{\partial}{\partial x_1} + \sum_{j=2}^n a_{j2}(ih)^j \frac{\partial}{\partial x_2} + \cdots + \sum_{j=2}^n a_{jd}(ih)^j \frac{\partial}{\partial x_d} \Big)^\Gamma f(\mathbf{z}_0)$$

$$= \sum_{|\gamma_1|+\cdots+|\gamma_d|=0}^\infty \frac{1}{|\gamma_1|! \cdots |\gamma_d|!} (ih)^{|\gamma_1|} \Big(\sum_{j=2}^n a_{j2}(ih)^j \Big)^{|\gamma_2|} \cdots$$

$$\cdot \Big(\sum_{j=2}^n a_{jd}(ih)^j \Big)^{|\gamma_d|} \frac{\partial^{|\gamma_1|+\cdots+|\gamma_d|} f(\mathbf{z}_0)}{\partial x_1^{|\gamma_1|} \cdots \partial x_d^{|\gamma_d|}}$$

因此根据引理 5.3.1，

$$\sum_{r=0}^m A_r^{(m)} f(\mathbf{z}_r(h))$$

$$= h^m \sum_{\tau(\gamma_1,\cdots,\gamma_d)=m} \frac{1^{\gamma_{1,1}} a_{2,2}^{\gamma_{2,2}} \cdots a_{n,2}^{\gamma_{2,n}} \cdots a_{2,d}^{\gamma_{d,2}} \cdots a_{n,d}^{\gamma_{d,n}}}{\gamma_{1,1}! \ \gamma_{2,2}! \cdots \gamma_{2,n}! \cdots \gamma_{d,2}! \cdots \gamma_{d,n}!} \frac{\partial^{|\gamma_1|+\cdots+|\gamma_d|} f(\mathbf{z}_0)}{\partial x_1^{|\gamma_1|} \cdots \partial x_d^{|\gamma_d|}} + O(h^{m+1})$$

$$= h^m (L_m(D)f)(\mathbf{z}_0) + O(h^{m+1}), m = 0, \cdots, n.$$

证毕.

下面给出宽度为 1 的微分闭子空间 $\operatorname{span}\{L_0, L_1, \cdots, L_n\}$ 的另一组离散节点.

引理 5.3.3 对任意固定的 $r \geqslant 1, i \geqslant 2$，

$$\sum_{\alpha_1 + 2\alpha_{22} + \cdots + i\alpha_{2i} = r} i^{\alpha_1} [i(i-1)]^{\alpha_{22}} [i(i-1)(i-2)]^{\alpha_{23}} \cdots [i!]^{\alpha_{2i}}$$

$$= \sum_{\alpha_1 + 2\alpha_{22} + \cdots + r\alpha_{2r} = r} i^{\alpha_1} [i(i-1)]^{\alpha_{22}} \cdots [i(i-1)\cdots(i-(r-1))]^{\alpha_{2r}}.$$

证明:若 $i>r$,则 $\alpha_1 + 2\alpha_{22} + \cdots + r\alpha_{2r} + \cdots + i\alpha_{2i} = r$,所以有 $\alpha_{2,r+1} = \cdots = \alpha_{2i} = 0$ 成立. 若 $i<r$,则

$$i^{\alpha_1} [i(i-1)]^{\alpha_{22}} \cdots [i(i-1)\cdots(i-(r-1))]^{\alpha_{2r}}$$

$$= i^{\alpha_1} [i(i-1)]^{\alpha_{22}} \cdots [i!]^{\alpha_{2i}} [i! \cdot 0]^{\alpha_{2,i+1}} \cdots [i! \cdot 0 \cdots (i-(r-1))]^{\alpha_{2r}}.$$

因 $0^k = 0$, $\forall k \neq 0$,且定义了 $0^0 = 1$,所以

$$i^{\alpha_1} [i(i-1)]^{\alpha_{22}} \cdots [i(i-1)\cdots(i-(r-1))]^{\alpha_{2r}} \neq 0$$

的充要条件是

$$\alpha_{2,i+1} = \cdots = \alpha_{2r} = 0,$$

由此结论成立.

定理 5.3.2　令插值节点为 $\mathbf{z}_0$, $d = 2$,定义

$$\mathbf{z}_0(h) := \mathbf{z}_0, \mathbf{z}_1(h) := \mathbf{z}_0 + (h,0),$$

$$\mathbf{z}_i(h) := \mathbf{z}_0 + \left(ih, \sum_{j=2}^{i} i(i-1)\cdots(i-j+1)a_{j,2}h^j\right), i = 2, \cdots, n,$$

则点集 $\{\mathbf{z}_0(h), \cdots, \mathbf{z}_n(h)\}$ 也满足式(5.3.2).

证明:对任意在 $\mathbf{z}_0$ 点解析的函数 f,由 Taylor 级数,

$$f(\mathbf{z}_1(h)) = \sum_{\alpha_1=0}^{\infty} \frac{1}{\alpha!} \frac{\partial^{\alpha_1} f(\mathbf{z}_0)}{\partial x_1^{\alpha_1}} h^{\alpha_1};$$

$$f(\mathbf{z}_i(h)) = \sum_{k=0}^{\infty} \sum_{\alpha_1+\alpha_2=k} \frac{1}{\alpha_1! \ \alpha_2!} (ih)^{\alpha_1} \left(\sum_{j=2}^{i} i(i-1)\cdots(i-j+1)a_{j,2}h^j\right)^{\alpha_2} \frac{\partial^k f(\mathbf{z}_0)}{\partial x_1^{\alpha_1} \partial x_2^{\alpha_2}}$$

$$= \sum_{k=0}^{\infty} \sum_{\alpha_1+\alpha_2=k} \sum_{\alpha_{22}+\cdots+\alpha_{2i}=\alpha_2} \frac{a_{22}^{\alpha_{22}} \cdots a_{i2}^{\alpha_{2i}}}{\alpha_1! \ \alpha_{22}! \ \cdots \alpha_{2i}!} i^{\alpha_1} (i(i-1))^{\alpha_{22}} \cdots (i!)^{\alpha_{2i}} \cdot$$

$$h^{\alpha_1 + 2\alpha_{22} + \cdots + i\alpha_{2i}} \frac{\partial^k f(\mathbf{z}_0)}{\partial x_1^{\alpha_1} \partial x_2^{\alpha_2}}$$

$$= \sum_{k=0}^{\infty} \sum_{\alpha_1+\alpha_{22}+\cdots+\alpha_{2i}=k} \frac{a_{22}^{\alpha_{22}} \cdots a_{i2}^{\alpha_{2i}}}{\alpha_1! \ \alpha_{22}! \ \cdots \alpha_{2i}!} i^{\alpha_1} (i(i-1))^{\alpha_{22}} \cdots (i!) \alpha_{2i} \cdot$$

$$h^{\alpha_1 + 2\alpha_{22} + \cdots + i\alpha_{2i}} \frac{\partial^k f(\mathbf{z}_0)}{\partial x_1^{\alpha_1} \partial x_2^{\alpha_{22}+\cdots+\alpha_{2i}}}, i = 2, \cdots, n.$$

为简便,记

$$i^{\alpha_1}\big(i(i-1)\big)^{\alpha_{22}}\cdots\big(i(i-1)\cdots(i-(r-1))\big)^{\alpha_{2r}}=:i^{\alpha_1+2\alpha_{22}+\cdots+r\alpha_{2r}}+\omega(i),$$

其中 $\omega(i)$ 为关于 i 的次数小于 $\alpha_1+2\alpha_{22}+\cdots+r\alpha_{2r}$ 的多项式.

对任意固定的 $m\in\{0,\cdots,n\}$,

$$\sum_{i=0}^{m}A_i^{(m)}f(\mathbf{z}_i(h))=:\sum_{i=0}^{m}W_i h^i+O(h^{m+1}),\qquad(5.3.3)$$

其中

$$W_0=\sum_{i=0}^{m}A_i^{(m)};$$

$$W_1=\sum_{i=1}^{m}A_i^{(m)}\sum_{\alpha_1=1}\frac{i^{\alpha_1}}{\alpha_1!}\frac{\partial^{\alpha_1}f(\mathbf{z}_0)}{\partial x_1^{\alpha_1}}=\sum_{i=1}^{m}A_i^{(m)}i\frac{\partial f(\mathbf{z}_0)}{\partial x_1};$$

$$W_r=\sum_{i=1}^{m}A_i^{(m)}\sum_{\alpha_1+2\alpha_{22}+\cdots+i\alpha_{2i}=r}\frac{1}{\alpha_1!}\frac{a_{22}^{\alpha_{22}}\cdots a_{i2}^{\alpha_{2i}}}{\alpha_{22}!\cdots\alpha_{2i}!}i^{\alpha_1}\big(i(i-1)\big)^{\alpha_{22}}\cdots(i!)^{\alpha_{2i}}\cdot$$

$$\frac{\partial^{\alpha_1+\alpha_{22}+\cdots+\alpha_{2i}}f(\mathbf{z}_0)}{\partial x_1^{\alpha_1}\partial x_2^{\alpha_{22}+\cdots+\alpha_{2i}}}$$

$$=\sum_{i=1}^{m}A_i^{(m)}\sum_{\alpha_1+2\alpha_{22}+\cdots+r\alpha_{2r}=r}\Bigg(\frac{1}{\alpha_1!}\frac{a_{22}^{\alpha_{22}}\cdots a_{r2}^{\alpha_{2r}}}{\alpha_{22}!\cdots\alpha_{2r}!}\cdot$$

$$i^{\alpha_1}\big(i(i-1)\big)^{\alpha_{22}}\cdots\big(i(i-1)\cdots(i-(r-1))\big)^{\alpha_{2r}}\frac{\partial^{\alpha_1+\alpha_{22}+\cdots+\alpha_{2r}}f(\mathbf{z}_0)}{\partial x_1^{\alpha_1}\partial x_2^{\alpha_{22}+\cdots+\alpha_{2r}}}\Bigg)$$

$$=\sum_{i=1}^{m}A_i^{(m)}\sum_{\alpha_1+2\alpha_{22}+\cdots+r\alpha_{2r}=r}\frac{1}{\alpha_1!}\frac{a_{22}^{\alpha_{22}}\cdots a_{r2}^{\alpha_{2r}}}{\alpha_{22}!\cdots\alpha_{2r}!}(i^r+\omega(i))\frac{\partial^{\alpha_1+\alpha_{22}+\cdots+\alpha_{2r}}f(\mathbf{z}_0)}{\partial x_1^{\alpha_1}\partial x_2^{\alpha_{22}+\cdots+\alpha_{2r}}}$$

$$=\sum_{\alpha_1+2\alpha_{22}+\cdots+r\alpha_{2r}=r}\frac{1}{\alpha_1!}\frac{a_{22}^{\alpha_{22}}\cdots a_{r2}^{\alpha_{2r}}}{\alpha_{22}!\cdots\alpha_{2r}!}\sum_{i=1}^{m}A_i^{(m)}(i^r+\omega(i))\frac{\partial^{\alpha_1+\alpha_{22}+\cdots+\alpha_{2r}}f(\mathbf{z}_0)}{\partial x_1^{\alpha_1}\partial x_2^{\alpha_{22}+\cdots+\alpha_{2r}}},$$

$2\leqslant r\leqslant m$,这里 $\alpha_{21}:=0$. W_r 中的第二个等号利用到了引理 5.3.3.

再由推论 5.2.1 和引理 5.3.1,5.3.2 可知

$$\sum_{i=0}^{m}A_i^{(m)}f(\mathbf{z}_i(h))$$

$$=h^m\sum_{\alpha_1+2\alpha_{22}+\cdots+m\alpha_{2m}=m}\frac{1}{\alpha_1!}\frac{a_{22}^{\alpha_{22}}\cdots a_{m2}^{\alpha_{2m}}}{\alpha_{22}!\cdots\alpha_{2m}!}\frac{\partial^{\alpha_1+\alpha_{22}+\cdots+\alpha_{2m}}f(\mathbf{z}_0)}{\partial x_1^{\alpha_1}\partial x_2^{\alpha_{22}+\cdots+\alpha_{2m}}}+O(h^{m+1})$$

$$= h^m \sum_{\alpha_1 + 2\alpha_{22} + \cdots + n\alpha_{2n} = m} \frac{1}{\alpha_1!} \frac{a_{22}^{\alpha_{22}} \cdots a_{n2}^{\alpha_{2n}}}{\alpha_{22}! \cdots \alpha_{2n}!} \frac{\partial^{\alpha_1 + \alpha_{22} + \cdots + \alpha_{2n}} f(\mathbf{z}_0)}{\partial x_1^{\alpha_1} \partial x_2^{\alpha_{22} + \cdots + \alpha_{2n}}} + O(h^{m+1})$$

$$= h^m (L_m(D)f)(\mathbf{z}_0) + O(h^{m+1}),$$

因此

$$\lim_{h \to 0} \frac{1}{h^m} \left(\sum_{i=0}^m A_i^{(m)} f(\mathbf{z}_i(h)) \right) = (L_m(D)f)(\mathbf{z}_0), m = 2, \cdots, n,$$

即

$$\delta_{\mathbf{z}_0} \circ L_m(D) = \lim_{h \to 0} \frac{1}{h^m} \left(\sum_{i=0}^m A_i^{(m)} \delta_{\mathbf{z}_i(h)} \right).$$

容易验证上述等式对于 $m = 1$ 也成立,定理得证.

类似地,对于 $d \geqslant 3$ 有以下结论.

定理 5.3.3　设插值节点为 $\mathbf{z}_0, \mathbf{z}_0(h) := \mathbf{z}_0, \mathbf{z}_1(h) := \mathbf{z}_0 + (h, 0, \cdots, 0)$,对 $i = 2, \cdots, n$,定义

$$\mathbf{z}_i(h) := \mathbf{z}_0 + \left(ih, \sum_{j=2}^i \frac{i!}{(i-j)!} a_{j,2} h^j, \sum_{j=2}^i \frac{i!}{(i-j)!} a_{j,3} h^j, \cdots, \sum_{j=2}^i \frac{i!}{(i-j)!} a_{j,d} h^j \right),$$

则 $\{\mathbf{z}_0(h), \cdots, \mathbf{z}_n(h)\}$ 构成宽度为 1 微分闭子空间 $\mathcal{L}_n = \mathrm{span}\{L_0, L_1, \cdots, L_n\}$ 的一组离散节点集.

定理 5.3.1 和定理 5.3.3 分别给出了两组离散节点,解决了宽度为 1 的微分闭子空间的离散逼近问题. 转化为理想投影算子的语言,有下述结论:

推论 5.3.1　设理想投影算子 P 对应的 $\mathrm{ran}\, P' = \delta_{\mathbf{z}} \circ \mathcal{L}(D)$,其中 $\mathbf{z}$ 为任意给定的插值节点,$\mathcal{L}$ 为宽度为 1 的微分闭子空间,则 P 为 Hermite 投影算子.

例 5.3.1　令 $d = 2, n = 4, a_{2,2} = 2, a_{3,2} = 3, a_{4,2} = 4$,于是

$$\mathcal{L}_4 = \mathrm{span}\left\{ 1, x_1, \frac{1}{2}x_1^2 + 2x_2, \frac{1}{3!}x_1^3 + 2x_1 x_2 + 3x_2, \frac{1}{4!}x_1^4 + x_1^2 x_2 + 3x_1 x_2 + 2x_2^2 + 4x_2 \right\}.$$

令 $\mathbf{z}_0 := (0, 0)$,则根据定理 5.3.1 和定理 5.3.2,

$$\{ (0, 0), (h, 2h^2 + 3h^3 + 4h^4), (2h, 2(2h)^2 + 3(2h)^3 + 4(2h)^4),$$

$$(3h, 2(3h)^2 + 3(3h)^3 + 4(3h)^4), (4h, 2(4h)^2 + 3(4h)^3 + 4(4h)^4) \}$$

以及

$$\{(0,0),(h,0),(2h,4h^2),(3h,12h^2+18h^3),(4h,24h^2+72h^3+96h^4)\}$$

均为满足式(5.3.2)的离散节点集.

参考文献

[1] ISAACSON E, KELLER H B. Analysis of Numerical Methods[M]. Dover Publications, 1966.

[2] ISAACSON E. Analysis of numerical methods[M]. Courier Dover Publications, 1994.

[3] SÜLI E, MAYERS D F. An introduction to numerical analysis[M]. Cambridge University Press, 2003.

[4] 黄明游, 冯果忱. 数值分析: 下册[M]. 北京: 高等教育出版社, 2008.

[5] LORENTZ R A. Multivariate Birkhoff Interpolation[M]. Springer, 1992.

[6] GASCA M, SAUER T. On the history of multivariate polynomial interpolation[J]. J. Comput. Appl. Math. , 2000, 122(1): 23-35.

[7] GASCA M, SAUER T. Polynomial interpolation in several variables[J]. Adv. Comput. Math. , 2000, 12(4): 377-410.

[8] LORENTZ R A. Multivariate Hermite interpolation by algebraic polynomials: a survey[J]. J. Comput. Appl. Math. , 2000, 122(1): 167-201.

[9] MÖLLER H M. Mehrdimensionale Hermite-interpolation und numerische integration

[J]. Mathematische Zeitschrift, 1976, 148(2): 107-118.

[10] MÖLLER H M. Hermite interpolation in several variables using ideal-theoretic methods[M]//Constructive theory of functions of several variables. Springer Berlin Heidelberg, 1977: 155-163.

[11] SAUER T, XU Y. On multivariate Hermite interpolation[J]. Adv. Comput. Math., 1995, 4(1): 207-259.

[12] BOJANOV B D, HAKOPIAN H, SAHAKIAN B. Spline functions and multivariate interpolations[M]. Springer Science & Business Media, 2013.

[13] HAKOPIAN H A. On the regularity of multivariate Hermite interpolation[J]. J. Approx. Theory, 2000, 105(1): 1-18.

[14] BIRKHOFF G. The algebra of multivariate interpolation[J]. Constructive approaches to mathematical models, 1979: 345-363.

[15] CRAINIC N. Multivariate Birkhoff-Lagrange interpolation schemes and cartesian sets of nodes[J]. Acta Math. Univ. Comenianae, 2004, 73(2): 217-221.

[16] LI Z, ZHANG S, DONG T. Finite sets of affine points with unique associated monomial order quotient bases[J]. J. Algebra Appl.,2012, 11(02):345-363.

[17] DONG T, ZHANG S, LEI N. Interpolation basis for nonuniform rectangular grid [J]. J. Inf. Comput. Sci, 2005, 2(4): 671-680.

[18] SAUER T. Lagrange interpolation on subgrids of tensor product grids[J]. Math. Comput., 2004, 73(245): 181-190.

[19] DYN N, FLOATER M S. Multivariate polynomial interpolation on lower sets[J]. J. Approx. Theory., 2014, 177: 34-42.

[20] CHEN T, DONG T, ZHANG S. The Newton interpolation bases on lower sets[J]. J. Inf. Comput. Sci, 2006, 3(3): 385-394.

[21] GASCA M, MAEZTU J I. On Lagrange and Hermite interpolation in R^k[J]. Numer. Math., 1982, 39(1): 1-14.

[22] CHUI C K, LAI M J. Vandermonde determinants and Lagrange interpolation in R^s

［C］. In: B. L Lin, editor, Nonlinear and Convex Analysis. Marcel Dekker, 1988.

［23］GARCIA-MARCH M Ä, GIMÉNEZ F, VILLATORO F R, et al. Unisolvency for multivariate polynomial interpolation in Coatmelec configurations of nodes［J］. Appl. Math. Comput. , 2011, 217(18): 7427-7431.

［24］CHUNG K C, YAO T H. On lattices admitting unique Lagrange interpolations［J］. SIAM J. Numer. Anal. , 1977, 14(4): 735-743.

［25］NICOLAIDES R A. On a class of finite elements generated by Lagrange interpolation［J］. SIAM J. Numer. Anal. , 1972, 9(3): 435-445.

［26］LEE S L, PHILLIPS G M. Construction of lattices for Lagrange interpolation in projective space［J］. Constr. Approx. , 1991, 7(1): 283-297.

［27］CARNICER J M, GASCA M, SAUER T. Interpolation lattices in several variables ［J］. Numer. Math. , 2006, 102(4): 559-581.

［28］BUSCH J R. Osculatory interpolation in R^n［J］. SIAM J. Numer. Anal. , 1985, 22, 107-113.

［29］A. LE MÉHAUTÉ. On some aspects of multivariate polynomial interpolation［J］. Adv. Comput. Math. , 2000, 12(4): 311-333.

［30］梁学章, 李强. 多元逼近［M］. 北京:国防工业出版社, 2005.

［31］GASCA M. Multivariate polynomial interpolation［M］. Computation of curves and surfaces, Springer Netherlands, 1990: 215-236.

［32］LIANG X Z. On the interpolation and approximation in several variables［D］. Postgraduate Thesis, Jilin University, 1965.

［33］LIANG X Z. Interpolation and approximation of multivariate function［J］. Numer. Math. , A Journal of Chinese Universities, 1979, 1(1):123-124.

［34］LIANG X Z, LÜ C M. Properly posed set of nodes for bivariate Lagrange interpolation［C］. Approximation Theory IX, Vanderbilt University Press, 1988(2): 189-196.

［35］ LIANG X Z, LÜ C M, FENG R Z. Properly posed sets of nodes for multivariate Lagrange interpolation in C^s［J］. SIAM, Numer. Anal. , 2001, 2(39):578-595.

［36］ LIANG X Z, CUI L H, ZHANG J L. The application of Cayley-Bacharach theorem to bivariate Lagrange interpolation［J］. J. Comput. Appl. Math. , 2004, 163(1): 177-187.

［37］ DE BOOR C, RON A. On multivariate polynomial interpolation［J］. Constr. Approx. , 1990, 6(3): 287-302.

［38］ DE BOOR C, RON A. The least solution for the polynomial interpolation problem ［J］. Math. Z. , 1992, 210(1): 347-378.

［39］ MÖLLER H M, BUCHBERGER B. The construction of multivariate polynomials with preassigned zeros［M］. Springer Berlin Heidelberg, 1982.

［40］ MARINARI M G, MOELLER H M, MORA T. Gröbner bases of ideals defined by functionals with an application to ideals of projective points［J］. Appl. Algebra Engrg. , Comm. Comput. , 1993, 4(2): 103-145.

［41］ FASSINO C, MÖLLER H M. Multivariate polynomial interpolation with perturbed data［J］. Numer. Algor. , 2015: 1-20.

［42］ SAUER T. Polynomial interpolation of minimal degree and Gröbner bases［J］. London Math. Soc. Lecture Notes, Cambridge University Press, 1998: 483-494.

［43］ FARR J B, GAO S. Computing Gröbner bases for vanishing ideals of finite sets of points［M］. Applied algebra, algebraic algorithms and error-correcting codes. Springer Berlin Heidelberg, 2006: 118-127.

［44］ FAUGERE J C. A new efficient algorithm for computing Gröbner bases without reduction to zero（F5）［C］. In: T. Mora, editor, Proceeding of ISSAC, ACM Press, July 2002, pp. 75-83.

［45］ MÖLLER H M, SAUER T. H-bases for polynomial interpolation and system solving ［J］. Adv. Comput. Math. , 2000, 12(4): 335-362.

［46］ SAUER T. Gröbner bases, H-bases and interpolation［J］. Trans. Amer. Math.

Soc. , 2001, 353(6): 2293-2308.

[47] SALA M. Gröbner bases, coding, and cryptography: a guide to the state-of-art [M]. Springer Berlin Heidelberg, 2009.

[48] SHEKHTMAN B. On regularity of generalized Hermite interpolation[J]. Computer Aided Geometric Design, 2016, 45(12):134-139.

[49] CIARLET P, RAVIART P. General Lagrange and Hermite interpolation in $\mathbb{R}^n$ with applications to finite element methods[J]. Arch. Rational Mech. Anal. , 1972, 46(3):177-199.

[50] SAUER T, XU Y. On multivariate Lagrange interpolation[J]. Math. Compt. , 1995, 64: 1147-1170.

[51] DE BOOR C. The error in polynomial tensor-product, and Chung-Yao interpolation [J]. Surface fitting and multiresolution methods (Chamonix-Mont-Blanc, 1996), 2000:35-50.

[52] LI Z, ZHANG S, DONG T. On the existence of certain error formulas for a special class of ideal projectors[J]. J. Approx. Theory, 2010, 163(9):1080-1090.

[53] SHEKHTMAN B. On non-existence of certain error formulas for ideal interpolation [J]. J. Approx. Theory, 2010, 162(7): 1398-1406.

[54] GONG Y H, JIANG X, LI Z, ZHANG S. Error formulas for ideal interpolation [J]. Acta Math. Hungar. 2016, 148(2):466-480.

[55] DE BOOR C. Ideal interpolation[C]. In: Approximation Theory XI: Gatlinburg, 2004, Brentwood TN: Nashboro Press, 2005: 59-91.

[56] SHEKHTMAN B. Ideal interpolation: translations to and from algebraic geometry [M]. Springer Vienna, 2010.

[57] WANG X, ZHANG S, DONG T. L. Newton basis for multivariate Birkhoff interpolation[J]. J. Comput. Appl. Math. , 2009, 228(1):466-479.

[58] MCKINLEY T , Shekhtman B. What do real ideal projectors interpolate? [J]. Nonlinear Analysis, 2009, 71(12):e2457-e2461.

［59］SHEKHTMAN B. One characterization of Lagrange projectors［M］. Approximation Theory XIV: San Antonio 2013. Springer International Publishing, 2014: 335-341.

［60］SHEKHTMAN B, On a conjecture of Carl de Boor regarding the limits of Lagrange interpolants［J］. Constr. Approx. , 2006, 24(3): 365-370.

［61］CERLIENCO L, MUREDDU M. From algebraic sets to monomial linear bases by means of combinatorial algorithms［J］. Discr. Math. , 1995, 139(1): 73-87.

［62］FELSZEGHY B, RÁTH B, RÓNYAI L. The lex game and some applications［J］. J. Symb. Comput. , 2006, 41(6): 663-681.

［63］SHEKHTMAN B. On the limits of Lagrange projectors［J］. Constr. Approx. , 2009, 29(3): 293-301.

［64］SAUER T. Polynomial interpolation in several variables: lattices, differences, and ideals［J］. Studies in Computational Mathematics, 2006, 12: 191-230.

［65］SHEKHTMAN B. A taste of ideal interpolation［J］. J. Concr. Appl. Math, 2010, 8(1): 125-149.

［66］MILLER E, STURMFELS B. Combinatorial commutative algebra［M］. Springer Science & Business Media, 2005.

［67］COX D A. Solving equations via algebras［M］//Solving polynomial equations. Springer Berlin Heidelberg, 2005, 63-123.

［68］SHEKHTMAN B. On perturbations of ideal complements［J］. Banach Spaces and their Applications in Analysis De Gruyter, 2011: 413-422.

［69］SHEKHTMAN B. Bivariate ideal projectors and their perturbations［J］. Adv. Comput. Math. , 2008, 29(3): 207-228.

［70］DE BOOR C, SHEKHTMAN B. On the pointwise limits of bivariate Lagrange projectors［J］. Linear Algebra Appl. , 2008, 429(1): 311-325.

［71］GURALNICK R M, SETHURAMAN B A. Commuting pairs and triples of matrices and related varieties［J］. Linear Algebra Appl. , 2000, 310(1): 139-148.

[72] Han Y. Commuting triples of matrices[J]. J. Lin. Alg. , 2005, 13:274-343.

[73] ŠIVIC K. On varieties of commuting triples[J]. Linear Algebra Appl. , 2008, 428 (8): 2006-2029.

[74] IARROBINO A. Reducibility of the families of 0-dimensional schemes on a variety [J]. Inventiones mathematicae, 1972, 15(1): 72-77.

[75] LEE K. On the symmetric subscheme of Hilbert scheme of points[J]. arXiv preprint, arXiv:0708.3390, 2007.

[76] CARTWRIGHT D, ERMAN D, VELASCO M, VIRAY B. Hilbert schemes of 8 points[J]. Algebra & Number Theory, 2009, 3(7): 763-795.

[77] STURMFELS B. Four counterexamples in combinatorial algebraic geometry[J]. J. Algebra. , 2000, 230(1):282-294.

[78] IARROBINO A, EMSALEM J. Some zero-dimensional generic singularities; finite algebras having small tangent space [J]. Compositio Math. , 1978, 36 (2): 145-188.

[79] SHEKHTMAN B. On one class of Hermite projectors [J]. Constr. Approx. , 2015: 1-15.

[80] BUCHBERGER B. Bruno Buchberger's PhD thesis 1965: An algorithm for finding the basis elements of the residue class ring of a zero dimensional polynomial ideal [J]. J. Symb. Comput. , 2006, 41(3): 475-511.

[81] 张树功, 雷娜, 刘停战. 计算机代数基础[M]. 北京:科学出版社, 2005.

[82] COX D A, LITTLE J B, O'SHEA D. Ideals, Varieties, and Algorithms[M]. New York: Springer-Verleg,1997.

[83] COX D A, LITTLE J B, O'SHEA D. Using algebraic geometry[M]. New York: Springer, 2005.

[84] GOLUB G H, VAN LOAN C F. Matrix computations[M]. JHU Press, 2012.

[85] HORN R A, JOHNSON C R. Matrix analysis [M]. Cambridge University Press, 2012.

[86] MOTZKIN T S, TAUSSKY O. Pairs of matrices with property L. II[J]. Trans. A-mer. Math. Soc. , 1955, 80(2):387-401.

[87] GURALNICK R M. A note on commuting pairs of matrices[J]. Lin. and Multili. Alg. , 1992, 31(1-4): 71-75.

[88] MÖLLER H M, STETTER H J. Multivariate polynomial equations with multiple ze-ros solved by matrix eigenproblems[J]. Numer. Math. , 1995, 70(3): 311-329.

[89] DAYTON B H, ZENG Z. Computing the multiplicity structure in solving polynomial systems[C]. Proceedings of the 2005 international symposium on Sym-bolic and algebraic computation. ACM, 2005: 116-123.

[90] DAYTON B, LI T Y, ZENG Z. Multiple zeros of nonlinear systems[J]. Math. Comput. , 2011, 80(276): 2143-2168.

[91] LI N, ZHI L. Computing the multiplicity structure of an isolated singular solution: Case of breadth one[J]. J. Symb. Comput. , 2012, 47(6): 700-710.

[92] LI Z, ZHANG S, DONG T. The discretization for a special class of ideal projectors [J]. ISRN Applied Mathematics, 2012, article ID:359069.

[93] VAN LINT J H AND WILSON R M. A course in combinatorics[M]. Cambridge University Press, 2001.